国家自然科学基金项目（项目编号：71602012）
成都理工大学哲学社会科学研究基金资助（项目编号：YJ2020－ZH002）

复杂网络视角下的知识扩散

张　理　魏奇锋　著

中国财经出版传媒集团
经济科学出版社
Economic Science Press

图书在版编目（CIP）数据

复杂网络视角下的知识扩散/张理，魏奇锋著.
—北京：经济科学出版社，2019.9
ISBN 978-7-5218-0931-2

Ⅰ.①复…　Ⅱ.①张…②魏…　Ⅲ.①知识管理-研究　Ⅳ.①G302

中国版本图书馆CIP数据核字（2019）第200964号

策划编辑：王　娟
责任编辑：张立莉
责任校对：靳玉环
责任印制：邱　天

复杂网络视角下的知识扩散
张　理　魏奇锋　著
经济科学出版社出版、发行　新华书店经销
社址：北京市海淀区阜成路甲28号　邮编：100142
总编部电话：010-88191217　发行部电话：010-88191522
网址：www.esp.com.cn
电子邮件：esp@esp.com.cn
天猫网店：经济科学出版社旗舰店
网址：http://jjkxcbs.tmall.com
北京季蜂印刷有限公司印装
710×1000　16开　9.25印张　200000字
2020年4月第1版　2020年4月第1次印刷
ISBN 978-7-5218-0931-2　定价：58.00元
（图书出现印装问题，本社负责调换。电话：010-88191510）

前　　言

受制于技术创新的动态复杂特征，企业完全依靠自主研发手段来获取技术优势的难度愈来愈大。实践中创新过程也更多地发生在资源互补的合作伙伴之间，即创新主体在不断努力地寻求与多个知识互补的合作伙伴进行协调和配合。来自不同行业的企业、大学与相关科研机构、政府以及中介服务机构等联结成知识网络（knowledge networks），以促进技术溢出和知识共享。复杂网络理论被广泛应用于不同的研究领域，例如，社交网络、股票市场、研发网络、航空网络、流行病的传播等。知识扩散是知识生产过程中的核心环节，对知识继承和创新存在重要作用与价值。大量研究表明，知识网络具有复杂网络特性，基于复杂网络模型对知识网络的知识扩散过程进行仿真研究，探寻知识扩散规律，对实践中加强知识网络的管理和提升知识扩散效率具有重要意义。

本书将知识网络的演化过程视为复杂网络的演化过程，根据不同研究背景设计不同的网络生成演化模型和建立不同的知识扩散模型，利用 MATLAB 和 R 等软件进行数值仿真研究，从而探究不同网络背景下的知识扩散规律以及提升知识扩散效率的方法。本书主要研究内容及结论包括以下几个方面。

（1）介绍复杂网络模型相关概念。首先，基于平均路径长度、聚类系数和度分布三个复杂网络的统计特征，介绍了复杂网络中四大网络演化模型：规则网络、随机网络、小世界网络、无标度网络；其次，介绍了复杂网络的中心性度量方法：度中心性、紧密中心性、介数中心性、流介数中心性、特征向量中心性；最后，讨论了在不同网络环境中复杂网络中心性的应用，如社会网络、交通网络、病毒传播网络。

（2）介绍知识扩散机制的相关研究成果。首先，介绍了知识扩散的复杂性和组织行为、知识扩散的两种模式（交易模式和广播模式）；其次，介绍了知识扩散的系统流程；最后，提出基于知识主体异质性的知识扩散模型和社团内部的知识扩散模型。

（3）研究基于无标度网络模型的协同创新网络的知识扩散。基于BA无标度网络模型，将协同创新网络的演化视作复杂网络演化过程。在考虑网络主体的知识水平、知识吸收与创新能力、知识类型等方面的异质性特征基础上，构建协同创新网络演化理论模型。运用MATLAB软件，利用数值仿真方法探究网络中整体知识与不同种类知识的知识扩散效率差别，由此探讨对协同创新网络的实践管理启示。研究结果表明，在整体知识扩散方面，采用无标度网络结构的协同创新网络在演化过程中其整体知识水平持续上升，知识增长速度也不断提高并趋于稳定，知识资源配置较为公平。在各类知识的扩散效率方面，随着网络的演化，不同知识的增长速度呈现出“加快—减缓—稳定趋于一致”的过程。单个主体中各类知识的存量则受到其初始知识存量、自身吸收能力和合作对象等因素的显著影响。

（4）研究复杂网络结构对跨组织知识扩散效率的影响。基于无标度网络、小世界网络、随机网络和规则网络四种复杂网络演化算法，将知识网络的演化视为复杂网络的演化过程。在考虑知识主体的知识水平、知识吸收和创新能力、知识类型等方面的异质性的基础上，构建组织间合作领域知识网络演化理论模型，运用MATLAB软件进行数值仿真，分析不同的网络结构对网络中整体知识扩散效率和各类知识扩散效率的影响，从而探讨对知识网络的实践管理启示。仿真结果表明，在整体知识扩散方面，采用小世界网络结构的知识网络在前中期整体知识水平虽低于随机网络，在后期整体知识水平接近于最高水平，且整体知识增长速度维持在四种网络中的较高水平，知识水平分布的均匀性最佳。在各类知识扩散方面，采用小世界网络结构的知识网络中的不同类型的知识之间的差距最均匀，且演化初期的优势行业在演化过程中继续保持。

（5）研究知识扩散源选择对知识网络中知识扩散效率的影响。提出基于合作对象吸收能力的知识扩散源选择方法，以加快知识网络社群内部知识扩散效率。利用 R 软件生成不同参数设置的随机网络、规则网络、小世界网络和无标度网络，对生成的复杂网络作社团检测以提取出知识网络中的社团。采用基于合作者吸收能力、接近中心性、中介中心性、度中心性的5种知识扩散源选择方法从社团内部选择知识扩散源节点实施知识扩散仿真，知识扩散模型采用本书第3章提出的社团内部知识扩散模型，探究知识扩散源选择方法对知识扩散效率的影响。

本书得到国家自然科学基金和成都理工大学哲学社会科学研究基金的资助。在此，特向国家自然科学基金委员会和成都理工大学表示衷心的感谢！

张　理　魏奇锋
2019 年 7 月成都理工大学商学院

目 录 CONTENTS

第1章 概 述

1.1 研究背景

在组织间合作领域，普遍认为知识网络是由共同解决技术问题、提供技术支持与开发的企业之间、企业与大学以及科研机构等组织之间合作形成的网络结构，它是一个转移与创新相关知识的网络[1]。现实世界中的大多数通信/运输系统都可以表示为复杂的网络，其中节点是系统的基本组成部分，边缘连接着相互交换信息的节点。举几个例子：在互联网中，节点是路由器，而边缘（或弧）是连接路由器的电缆；在电网中，节点是变电站（发电机或配电变电站），边缘是输电线路；在城市道路系统中，节点是交叉口，边缘是道路；在大范围的交通系统中，节点是城市，边缘是连接几个城市的高速公路。复杂网络理论如今被广泛应用于不同的研究领域[2]，例如，社交网络[3-5]、股票市场[6,7]、研发网络[8,9]、航空网络[10,11]、流行病的传播[12,13]，等等。通过技术的国际转移能够帮助企业积累有价值的知识并促进技术扩散，从而缩小地区之间的技术差距。更多的组织参与到协作中，知识增值的增幅会更大。知识水平也就由个体水平上升至组织水平，甚至跨越组织升至更高水平。从目前发展形势看，如何更科学地管理知识网络，如何提高网络中的知识存量与知识流动效率是当前亟须解决的问题。

知识网络中，机构来自不同的行业，机构性质也具有较大差别，在知识类型、网络主体吸收与创新能力和知识存量均具有较大的异质性，设计怎样的知识扩散模型能兼顾知识主体的异质性和网络演化规律？现实中的知识网络存在小世界或无标度效应，不同的网络结构是否对知识扩散效率产生影响？合作密切的创新集群中的知识类型与自身行业知识类型更为接近，且更容易被吸收和利用，如何从整体网络中识别出创新集群，并加强集群内部的知识扩散效率？知识扩散源的位置是否对知识扩散效率产生影响？在本书的研究中主要解决上述问题。

1.2 国内外研究现状综述

从知识网络、合作创新网络的复杂网络特性、网络环境中的知识扩散、科研合作网络知识扩散等几个方面的国内外研究现状进行综述。

1.2.1 知识网络相关研究

知识网络研究始于 20 世纪 90 年代中期[14,15]。贝克曼（Beckmann）[14]于 1995 年最先提出“知识网络”概念，指的是为从事科学知识的生产和传播的机构或活动。当前，根据构成知识网络的节点属性的不同，知识网络可以被划分为知识元网络[16-17]、知识主体网络[18-19]、知识物质载体网络、知识元、知识主体与知识物质载体混合网络[20-21]等[22]。由于研究视角的不同，知识网络的类别划分也不同。例如，从动态演化视角被划分为自然网络和人工网络；从管理模式视角被划分为业余爱好网络、专业学习网络、最佳实践网络、商业机遇网络；从交换特征视角被划分为知识社区网络、知识链网络、知识供给网络、知识市场网络等[23]。早期的知识网络相关研究主要关注知识网络构成要素、形成机理、组织边界与合作机制等内容。

1.2.2 合作创新网络的复杂网络特性

在创新网络模型构建与数值仿真的相关研究中，大量研究证明了合作创新网络具有复杂网络的特性。例如，朱和王（Zhu and Wang）[24]通过研究创新网络的结构与公司能力异质性，验证了不同策略下的演化态势，以及不同创新策略下何种激励政策最为有效。刘向和马费成[25]构造了知识网络的一种特定结构形成的过程模型，兼顾了知识的内聚性和知识创造者的领域限制，并用实证数据验证模型的有效性。张和吴（Zhang and Wu）[26]在动态演化、产业联盟、复杂网络竞争以及BBV网络模型的局限性分析的基础上，构建了一个具有竞争性和择优性的动态演化模型。不但考虑了新节点的加入，也考虑到旧节点的删除与重连以及旧连接的删除，通过使用连续理论和平均场理论，构建了相关演化公式。张延禄和杨乃定[27]则基于复杂网络理论建立了R&D网络的自组织演化模型，并利用诺基亚的数据验证了模型的正确性。里塔拉和赫伊津（Ritala and Huizingh）[28]研究了公司在参与R&D网络进程中的搜索与整合知识的行为，在网络主体应当如何认识紧张局势，以及不同类型的网络应利用何种紧张局势的化解机制等问题上给出独特见解。约安尼季斯和瓦尔凯利斯（Ioannidis and Varsakelis）[29]研究了不可靠知识网络中的错误信任问题，研究发现，错误信任在知识动力学上无显著影响，并且会导致知识的“野蛮”波动，通过改变选择连接的规则等方式则能避免选择到不可靠的交流渠道。

1.2.3 网络环境中的知识扩散

随着研究的不断深入，有关知识网络中知识扩散的研究成果日益增多。知识扩散发生在科学与技术之间[30]、人与人之间[31]、相互合作的组织之间[32]，等等。有不少研究侧重于探讨网络环境中的知识扩散问题。知识扩散的相关研究主要包括如何提升知识扩散绩效[33]、知识扩散模式[34]、特定知识扩散模型的构建与仿真[35-36]等。例如，考恩和乔纳尔（Cowan and Jonard）[37]将知识扩散模拟为一个物物交换过程，节点之间交换不同种类的知识，且发现该系统呈现小世界特性。林和李（Lin and Li）[38]基于四种典型网络模型研究了知识创新与扩散的过程，并提出了生长扩散时间的定义，实验得出，无标度网络能实现最佳的知识传输性能。黄玮强、庄新田和姚爽[39]构建了一个综合知识扩散绩效与创新合作关系距离的知识扩散模型，考虑了创新网络中知识的间接扩散效应，通过四种典型网络模型的仿真结果表明，具有无标度特征的创新合作网络能达到最高的知识扩散绩效。张薇和徐迪[40]分析了动态异质性网络上多种知识的累积过程。李和张（Li and Zhang）[41]用复杂网络传输动态理论构建了两种合作学习网络的知识扩散模型，扩展了经典的流行病模型；他们的研究结果表明，在领导者的灵感的帮助下，减小知识扩散过程的阈值，更大比例的接受者的知识变得统一。周和贾（Zhou and Jia）[42]提出了一种在网络中基于知识扩散预测连接的方法，仿真结果表明，该方法与已有方法相比能达到更高的预测精度。王（Wang）等[43]则在相关研究的基础上，构造出了一个兼顾自学习机制的知识传输模型，在无标度网络和同构网络上的仿真结果表明，自学习因素对知识传输效率存在明显的推动作用，且无标度网络在知识传输上更高效。此外，对知识扩散的研究还涉及分析影响知识传输的因素[44-45]，知识传输对组织绩效的影响[46-47]，以及促进知识传输的方法与工具[48-49]等方面。刘和周（Liu and Zhou）提出了社交网络中受交互频率驱动的知识扩散模型，仿真结果表明，该模型的知识扩散速度比传统模型更快[50]。曹和韩（Cao and Han）[51]将复杂网络中知识传输中的遗忘等级结合到新建立的模型中，仿真结果表明，在更好的文化氛围下知识富集人群的占比会增加。王（Wang）等[52]根据知识传输系统中知识遗忘人群可通过学习手段重新获取知识这一规则，提出了 VEA 知识传播模型，并在四种代表性网络模型中进行数值仿真，仿真结果表明，复习机制对于四种网络的知识传输有积极影响，无标度网络传输知识则快于另外三种网络。尽管存在流行病扩散和知识扩散之间的类比，流行病传播模型常被用于描述知识传输过程[53]。文献[54]将复杂网络中知识传输中的忘记等级结合到新建立的模型中，仿真结果表明，在更好的文化氛围下有知识的人群的比例会增加。知识传输系统不同于流行病传输系统，其中忘记知识的人们可通过学习重新获取它。为了分析一个复习机制，杨（Yang）等提出了 VEA 知识传播模型。分别在同质和异质网络中导出了知识传输模型，用平均场理论描述知识传输模型。在同质网络中，获取到了系统的稳定状态解决方法。在异质网络中，得到了基本的复制数 R_0，这里复制比率是一个重要的参数，此外，我们分析此系统并证明：如果 $R_0<1$，模型的知识顺势均衡全局渐渐稳定；如果 $R_0>1$，知识是永恒的。另外，为了完成理论分析，数值仿真被运行在四种代表性网络模型中：随机规则、小世界、随机生长、无标度网络。仿真结果表明，复习机制对于四种网络的知识传输有一个清楚的积极影响。例如，高的付息率会导致福音派节点更高的最终密度，另外，仿真结果表明，无标度网络传输知识快于另外三种网络[55]。知识传输是一个循环动态的扩散过程。基于是否或接受者没有提前持有知识，知识的接收率不同。王（Wang）等的文章中，知识传输过程被分成了一个初始的和重传输过程，每一个都有它自己的传输和自学习参数。基于流行病传输模型，提出了 VEA 知识传输模型，并导出平均场[56]。此外，知识扩散效率的影响因素包括知识源的位置[57]、企业年销售收入和竞争合作关系[58]、网络结构[59]等。

1.2.4 国内外研究现状总结

对本书的相关研究领域，即知识网络、合作创新网络的复杂网络特性、网络环境中的知识扩散等几个方面的国内外研究现状进行综述。目前对知识网络的知识扩散的相关研究中普遍忽略了知识类型的异质性这一因素，且大多知识扩散的仿真研究以整体网络背景为研究对象，而加快合作关系密切的创新集群内部的知识扩散效率更有利于企业对本行业知识的吸收创新。

1.3 研究目的和意义

1.3.1 研究目的

本书主要研究知识网络中的知识扩散问题，从复杂网络视角建立协同创新网络、组织间合作知识网络、科研合作网络等不同研究背景下的知识扩散模型和知识扩散效率的度量指标。通过运用 MATLAB、R 等软件对复杂网络环境下的知识扩散过程进行数值仿真，探寻知识网络中的知识扩散规律，研究加快知识扩散效率的方法。

1.3.2 研究意义

通过对知识扩散过程的仿真分析，总结知识网络中的知识扩散规律为实践中加强知识网络的管理，以提高知识扩散中的网络整体知识水平、知识增长速度和网络中知识分布的均匀性，从而促进创新扩散与经济发展。

1.4 本书内容与章节安排

1.4.1 主要内容

本书以复杂网络结构的知识网络为研究对象，定义基于知识主体异质性的知识扩散模型，探讨协同创新网络中的知识扩散情况和网络结构对知识扩散效率的影响；通过选择正确的知识扩散种子使知识扩散效率最大化。

1.4.2 章节安排

本书结构安排如下。

第 1 章为绪论，介绍本书的研究背景，对国内外现状按知识网络、创新合作网络的复杂网络特性、网络环境中的知识扩散和科研合作网络的知识扩散四个方面进行综述；介绍研究目的和意义、课题来源等。

第 2 章介绍了复杂网络模型的相关概念。首先，基于复杂网络度量参数的三个基本概念，介绍了复杂网络中四大网络演化模型：规则网络、随机网络、小世界网络、无标度网络；其次，介绍了复杂网络的中心性度量方法：度中心性、紧密中心性、介数中心性、流介数中心性、特征向量中心性；最后，讨论了在不同网络环境中复杂网络中心性的应用，如社会网络、交通网络、病毒传播网络。

第 3 章介绍了知识扩散机制的相关研究成果。首先，介绍了知识扩散的复杂性和组织行为、知识扩散的两种模式（交易模式和广播模式）；其次，介绍了知识扩散的系统流程；最后，提出基于知识主体异质性的知识扩散模型和社团内部的知识扩散模型。

第4章研究了基于无标度网络模型的协同创新网络知识扩散情况。基于BA无标度网络模型，将协同创新网络的演化视作复杂网络演化过程。在考虑网络主体的知识水平、知识吸收与创新能力、知识类型等方面的异质性特征基础上，构建协同创新网络演化理论模型。运用MATLAB软件，利用数值仿真方法探究网络中整体知识与不同种类知识的知识扩散效率差别，由此探讨对协同创新网络的实践管理启示。研究结果表明，在整体知识扩散方面，采用无标度网络结构的协同创新网络在演化过程中其整体知识水平持续上升，知识增长速度也不断提高并趋于稳定，知识资源配置较为公平。在各类知识的扩散效率方面，随着网络的演化，不同知识的增长速度呈现出“加快—减缓—稳定趋于一致”的过程。单个主体中各类知识的存量则受到其初始知识存量、自身吸收能力和合作对象等因素的显著影响。

第5章研究了复杂网络结构对跨组织知识扩散效率的影响。基于无标度网络、小世界网络、随机网络和规则网络四种复杂网络演化算法，将知识网络的演化视为复杂网络的演化过程。在考虑知识主体的知识水平、知识吸收和创新能力、知识类型等方面的异质性的基础上，构建组织间合作领域知识网络演化理论模型，运用MATLAB软件进行数值仿真，分析不同的网络结构对网络中整体知识扩散效率和各类知识扩散效率的影响，从而探讨对知识网络的实践管理启示。仿真结果表明，在整体知识扩散方面，采用小世界网络结构的知识网络在前中期整体知识水平虽低于随机网络，在后期整体知识水平接近于最高水平，且整体知识增长速度维持在四种网络中的较高水平，知识水平分布的均匀性最佳。在各类知识扩散方面，采用小世界网络结构的知识网络中的不同类型的知识之间的差距最均匀，且演化初期的优势行业在演化过程中继续保持。

第6章提出了基于合作对象吸收能力的知识扩散源选择方法，以加快知识网络社群内部知识扩散效率。利用R软件生成不同参数设置的随机网络、规则网络、小世界网络和无标度网络，对生成的复杂网络作社团检测。采用基于合作者吸收能力、接近中心性、中介中心性、度中心性的5种知识扩散种子选择方法从社团内部选择知识扩散种子节点实施知识扩散仿真，知识扩散模型采用第3章提出的社团内部知识扩散模型，探究知识扩散种子选择方法对知识扩散效率的影响。

第7章为研究结论和展望，总结本书的研究结论和研究启示，列出本书研究的主要创新，总结研究局限，规划未来展望。

第 2 章

复杂网络模型

复杂网络是一个新兴的跨学科研究领域，在物理学、数学、生物学、计算机等多个学科均有运用。复杂网络能描述万维网、金融网络、神经网络等诸多智能高技术系统。在本章将重点介绍图论的基本概念和几种重要的复杂网络模型，以及复杂网络的中心性度量方法，这也是研究复杂网络的基础。

2.1 图论简介

2.1.1 网络的图表示

所谓“网络”，实际上就是节点和连边的集合。点集 V、边集 E 所构成的图 $G=(V,E)$ 就可以成为一个网络。无向网络（undirected network）是指节点 (a,b) 和 (b,a) 对应的是同一条边，否则就称为有向网络（directed network）。加权网络（weighted network）是指给每一条边赋予权重，反之就称为无权网络（unweighted network）（这里假设在任何两个节点之间至多存在一条边，并且在一个节点处没有边缘开始和结束，即没有重边和没有自环）。图 2-1 为不同类型的例子。

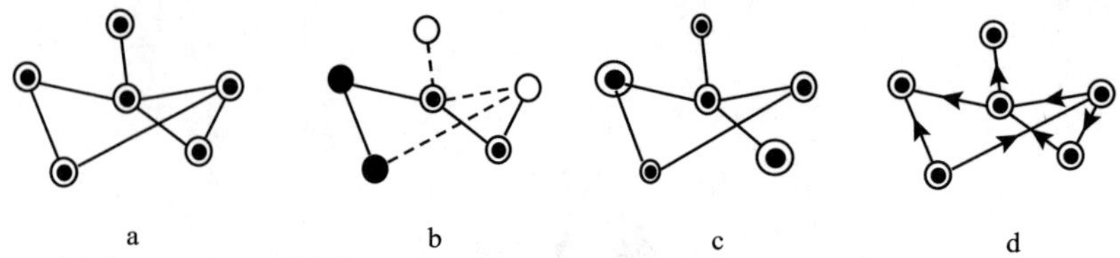

图 2-1 不同类型的例子

注：a 为单一类型节点的边和无向网络；b 为不同类型节点和边的无向网络；c 为节点和边权重变化的无向网络；d 为有向网络。

若节点按照一定的规则连边，则将这样的网络称为“规则网络”（regular network）；若节点之间的联系是随机连接而成，则称为“随机网络”（random network）；若节点按照某种原则的方式连边，演化成不同的网络类型，这种网络被称为“复杂网络”（complex network）。

2.1.2 复杂网络的基本特征量

在了解复杂网络的统计特征之前，需要清楚以下三个术语：平均路径长度（L）、聚类系数（C）与度（k）分布。

2.1.2.1 平均路径长度（average path length）

网络中任意两个节点 i 和 j 之间的距离 l_{ij} 定义为从一个节点到任意另外一个节点所要经过的路径的最小边数，如图 2-2 所示。

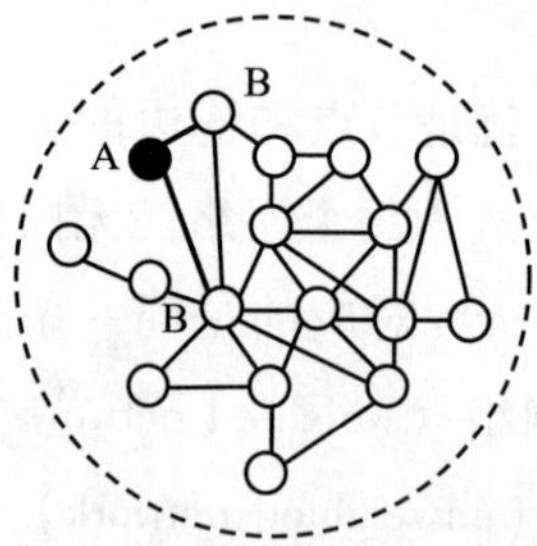

图 2-2 复杂网络中两个节点 A 和 B 之间的路径长度为 2

网络中任意两个节点之间的最大距离表示为 D（即直径 diameter），即[60]：

$$D = \max\{l_{ij}\} \tag{2-1}$$

网络中任意两个节点之间的距离平均值定义为平均路径长度 L，即[60]：

$$L = \frac{1}{\frac{1}{2}N(N-1)}\sum_{i\geqslant j} l_{ij} \tag{2-2}$$

其中 N 为网络节点数，自身的距离不在考虑范围内。平均路径长度又被称之为特征路径长度。

平均路径长度能够有效地衡量信息传输的效率。在真实网络中，较短的平均路径长度能够帮助信息更快速的传送，有效地降低了运行成本。在代谢网络中质量传递效率就可用其平均路径长度来判断，若能最小化其平均路径长度，则能够获得最小的损耗。当瓦茨和斯托加茨（Steven H. Strogatz）测量不同的网络特征时，使用平均路径长度来测量。规则网络的特征在于两个网络节点之间的平均路径长度比随机网络和小世界网络长[62]。

2.1.2.2 聚类系数（clustering coefficient）

复杂网络聚集的系数描述的是一个图形中一个节点与直接相连的其余节点紧密程度的系数。在实际生活的网络中，尤其是在现在特定的网络中，网络之间的那些联系相对高度紧密的节点相互之间总是趋于建立一组较严密的组织关系。在现实的各种各样的网络中，这种组织建立的可能性往往比两个节点之间随机设立一个连接的平均概率更大。

在网络中，如果节点 v_1 和 v_2 相连，v_2 和 v_3 相连，那么极有可能 v_1 和 v_3 也相连，这体现了部分节点之间存在的密集连接性质。通常，当网络中的一个节点 i 连接到另一个节点并且存在连接的 k_i 个边缘时，k_i 被称为网络节点 i 的相邻边缘。可以看出，在 k_i 个网络节点之间至多有 $k_i(k_i-1)/2$ 个边缘。接下来，网络节点 i 的聚类系数（c_i）被定义为 k_i 个网络节点之间的实际边缘数 n 与最大可能边缘数量 $k_i(k_i-1)/2$ 的比率[60]，即表示与节点 i 相连的 k_i 个网络节点之间相连的概率：

$$C_i = \frac{2n}{k_i(k_i-1)} \tag{2-3}$$

式（2-3）表示的是节点 i 的聚类系数，有时需要测度我们所研究的整个复杂网络的聚类系数 C，则计算网络中所有节点 i 的聚类的系数 C_i 的平均值。当 $C_i=\frac{2n}{k_i(k_i-1)}=0$ 时，意味着网络中的所有节点之间都没有任何联系，是相互独立的；当 $C_i=\frac{2n}{k_i(k_i-1)}=1$ 时，也就是说我们正在研究的网络具有全局耦合的性质，并且网络中的任何两个节点之间存在联系。

2.1.2.3　度分布（degree distribution）

节点的度 k_i 定义为复杂网络中与某个节点 i 有连接的其他节点的数量，即该节点的邻接节点数量。

在无向网络中，仅需要考虑相邻节点的数量，但是当在有向网络中对网络节点顺序进行统计时，将其划分为入度（in－degree）与出度（out－degree）。出度程度表示从一个节点到其他节点的边数。并且，入度程度指的是从其他节点指向网络中的某个节点的边缘的数量，其他节点作为初始观察点。复杂网络节点的平均度分布表示为所有网络中节点 i 的度 k_i 的平均值，表示为 $<k>$[60]。即：

$$<k>=\frac{1}{N}\sum_{i=1}^{N}k_i \tag{2-4}$$

通常将度分布表示为一个概率函数，表示有 k 条边与节点 i 有联系的概率，度分布函数用于描述复杂网络中节点之间的分布情况。度分布函数用 $P<k>$ 表示，意为我们任意选取网络中的一个节点 i，此时该节点的度为 k 的概率[60]，即：

$$P<k>=\frac{1}{N}\sum_{i=1}^{N}\delta(k-k_i) \tag{2-5}$$

度是单独节点的属性中简单但重要的一个概念。直观上来说，一个节点的度越大说明这个节点越重要。

2.2　网络演化模型

2.2.1　规则网络

常见的规则网络有三种：全局耦合网络（globally coupled network）、

最近邻耦合网络（nearest - neighbor coupled network）和星形耦合网络（star coupled network）[60]。

全局耦合网络是一个典型的规则网络，其中的任意两个节点之间都有一条相连接的边，如图 2 -3 所示。

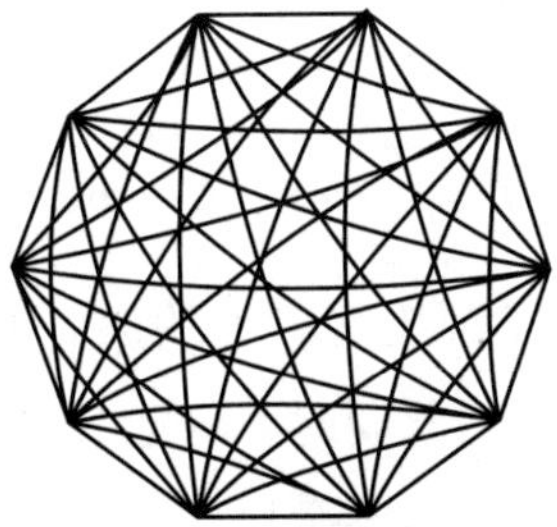

图 2 -3　全局耦合网络

在无向的网络中，全局耦合网络假定总共有 N 个网络节点，那么它就有 $N(N-1)/2$ 条边，它的平均路径长度为 $L=1$（最小的），聚类系数为 $C=1$，度分布 $P(k)$ 是以 $N-1$ 为中心的 δ 函数[60]。

最近邻耦合网络（nearest - neighbor coupled network）是一个比较稀疏的规则网络模型，有大量文献研究表明，这种网络是一种最简单的规则模型，它的每一个节点只和它周围的邻接节点相连，如图 2 -4 所示。

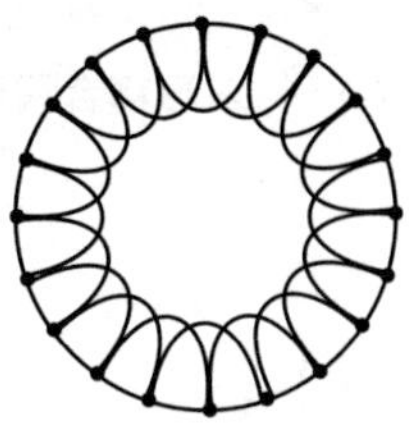

图 2 -4　最近邻耦合网络

N 个节点排列成环形（以此避免边界问题），每个网络节点与其邻接左右的 x 个网络节点相连接（图 2 -4 中 $x=4$）。

最近邻耦合网络的统计性质如下：

（1）度分布。度分布 $P(k)$ 为以 K 为中心的 δ 函数。

（2）聚类系数。对于较大的 K 值，最近邻耦合网络的聚类系数[60]为：

$$C=\frac{3\times(K-2)}{4\times(K-1)}\approx\frac{3}{4} \tag{2-6}$$

可得，这样的网络是高度聚类的。对于图示，$C=\frac{1}{2}$，与 N 无关。

（3）平均路径长度。对于固定的 K 值，该网络的平均路径长度[60]为：

$$L=\frac{N}{2K}\to\infty\ (N\to\infty) \tag{2-7}$$

上述可知，聚类系数与 N 无关。平均路径长度与 N 成正比，对于规则网络来说一般是成立的。与此同时，这能从另一方面帮助解释在这样一个非全局耦合网络中很难实现需要全局协调的动态过程的原因。

还有一个经常出现的规则网络为星形耦合网络（star coupled network），星形耦合网络的特征是只有一个中心网络节点，并且与网络中其他 $N-1$ 个节点之间互相不连接，而只与网络中心点连接，如图 2-5 所示。

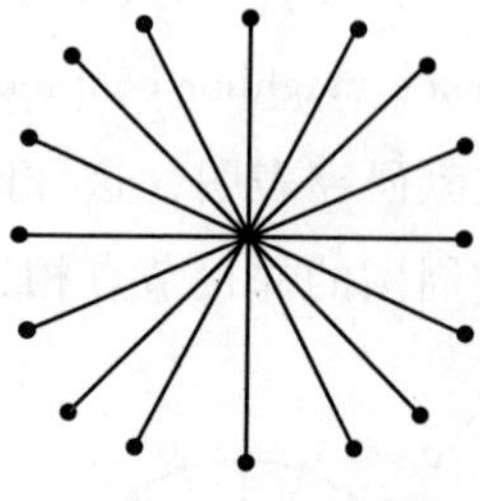

图 2-5　星形耦合网络

星形耦合网络的平均路径长度[60]为：

$$L=2-\frac{2(N-1)}{N(N-1)}\to 2\ (N\to\infty) \tag{2-8}$$

星形耦合网络的聚类系数[60]为：

$$C=\frac{N-1}{N}\to 1\ (N\to\infty) \tag{2-9}$$

星形耦合网络是一种比较特殊的网络。这里假设如果一个节点只有一个相邻节点，则该节点的聚类系数定义为 1，而有些文章中则定义只有一个相邻节点的节点聚类系数为 0，则星形聚类系数为 0。

2.2.2 随机网络

与规则网络相对的是随机网络，1959 年，匈牙利数学家艾德和雷尼（Edös and Rényi）提出一个典型的 ER 随机网络。此典型的 ER 随机网络模型有以下两种表述方式[60]。

一种方式是：给定网络中有 N 个节点，任意选择两个节点把它们连边，则是从 $N(N-1)/2$ 个选择里随机选取（不存在自循环边）。

另一种方式是：给定网络中有 N 个节点，以一定的概率 $p(p>0)$ 任意连接其中两个可能出现的节点（有 $N(N-1)/2$ 种可能）。假如最初有 N 个孤立的节点，现每个节点以 p 的概率对另一个节点进行连接，如图 2－6 所示。

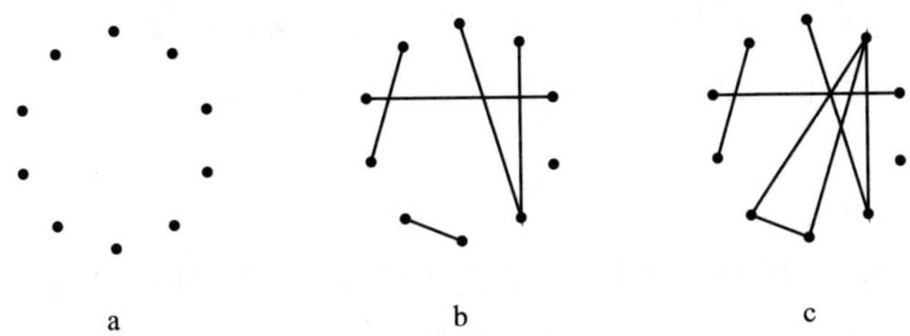

图 2－6　ER 随机网络的演化示意图

注：a：p = 0 时，给定 10 个孤立点；b ~ c：p = 0.1、0.15 时，生成的随机图的后面这种方式是学者们普遍认同的艾德和雷尼的随机网络模型。

ER 随机网络的统计性质如下。

2.2.2.1　度分布

对于一个以一定概率 p 进行连接的随机网络来说，如果给定的节点数 N 足够大（每条边是否出现都是独立的），那么此时网络节点的度分布是接近于泊松（Poission）分布的[61]，即：

$$P(k) = C_N^k P^k (1-p)^{N-1-k} \approx \frac{<k>^k}{k!} e^{-<k>} \tag{2-10}$$

意味着随机网络的度分布是围绕 $<k>$ 的泊松分布。其中 $<k> = p(N-$

1) $\approx PN$ 表述的是 ER 随机网络的平均度分布，这里不做详细证明。

2.2.2.2 平均路径长度

假如随机网络中节点之间的平均路径长度为 L，贯通整个随机网络需要 L 的步数。我们随机选择一个网络节点，与其相邻距离为 1 的节点有 $pN \cong <k>$ 个，相邻距离为 2 的节点有 $(pN)^2 \cong <k>^2$ 个，当经过 L 步之后走遍整个网络，所以对于节点数为 N 的随机网络，与它相距 $<l>$ 的节点有 $(pN)^l \cong <k>^l = N$ 个。所以得到整个随机网络的平均路径长度为：

$$L = \frac{\ln N}{\ln(pN)} = \frac{\ln N}{\ln <k>} \tag{2-11}$$

N 增加时，$\ln N$ 的值随它的增长比较慢，所以随机网络的规模 N 很大时，一般具有很小的平均路径长度。

2.2.2.3 聚类系数

在随机网络中，我们把一个节点以一定的概率 p 与另外一个节点相互连接，任意两个节点之间连接的概率都相等，所以，它的聚类系数为：

$$C = p \cong \frac{<k>}{N} \tag{2-12}$$

可见，当随机网络的规模 N 确定时，聚类系数随着平均度 $<k>$ 的增大而增大；当 $<k>$ 确定时，聚类系数随着规模 N 的增大而减小。

由上述可知：度分布是泊松分布，平均度与 N 成正比，平均路径长度与 $\ln N$ 成正比，聚类系数与 $<k>$ 成正比，与 N 成反比，这与规则网络显然不同。

2.2.3 小世界网络

正如前面提到的规则的最近邻耦合网络具有高聚类的特点，然而，这样的网络不属于小世界网络，属于平均路径长度小的随机网络，但是它的聚类非常低。所以，现实中真实网络的特性这两类网络不能表现，因为现实网络中多数网络并不是完全规则和完全随机的。因此，1998 年，美国物理学家瓦茨和斯托加茨（Watts and Strogatz）[62] 提出了小世界网络模型，又称为 WS 小世界模型，将整个网络转换为随机网络。若用人际关系来类比，现实中大部分人际关系网络都是“近程”，如家人、同学、同事等，就好像规则网络的临边；但是许多人有远距离的亲属关系、出国的同学，就好像网络模型中的远程跳边。在我们人际交往时，常常感叹世界太小，经常会遇到出乎意料的人际关系。

WS 小世界模型的算法如下：

（1）从规则网络起：从具有 N 个节点的规则网络开始，每个节点与它的 $K/2$(k 为偶数) 个邻居节点相连，并连成一个环。为保证在所有时刻网络稀疏且联通，满足 $N \geqslant K \geqslant \ln(N) \geqslant 1$，因此具有高的聚类系数。

（2）随机化重连：在随机网络中的每条边上进行以概率 p 的随机重连，即从一条边出发随机连接到网络中另一条边（同时排除自连接和重连）。重连的随机化，使得平均路径长度大大缩短，由此具有了小世界特性[60]。

在上述的描述中，当 $p=0$ 时，变成规则网络；当 $p=1$ 时，变成随机网络，从完全网络到随机网络的过程可以通过改变 p 的值来实现，如图 2－7 所示。

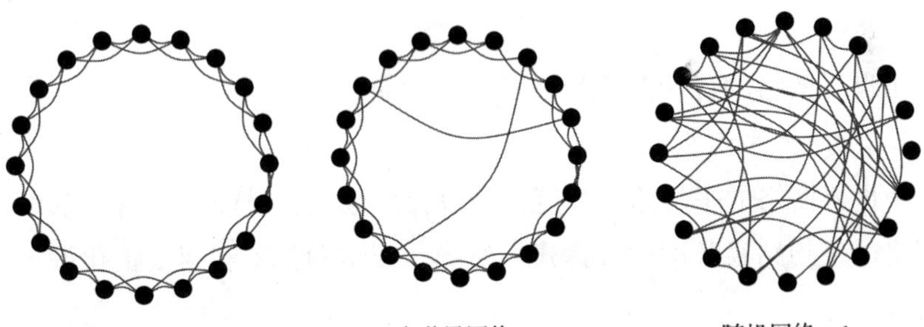

a 规则网络p=0　　b 小世界网络p=0.05　　c 随机网络p=1

图 2－7　WS 小世界网络模型

网络的连通性极有可能会被 WS 小世界模型的构造算法——随机重连过程所破坏。

1999 年，美国学者纽曼和瓦茨（Newman and Watts）[63]提出了“随机化加边”的小世界模型，又称为“NW 小世界模型”。

其构造算法为：

（1）从规则网络起：从具有 N 个节点的规则网络开始，每个节点与它的 $K/2$（k 为偶数）个邻居节点相连，并连成一个环。

（2）随机化加边：在网络中的两个随机选择的节点之间添加概率为 p 的边（自连接和重边除外）。

同样，当 $p=0$ 时，变成规则网络；当 $p=1$ 时，变成全局耦合网络，从完全网络到随机网络的过程可以通过改变 p 的值来实现。20 个节点的 NW 小世界网络如图 2－8 所示[60]。

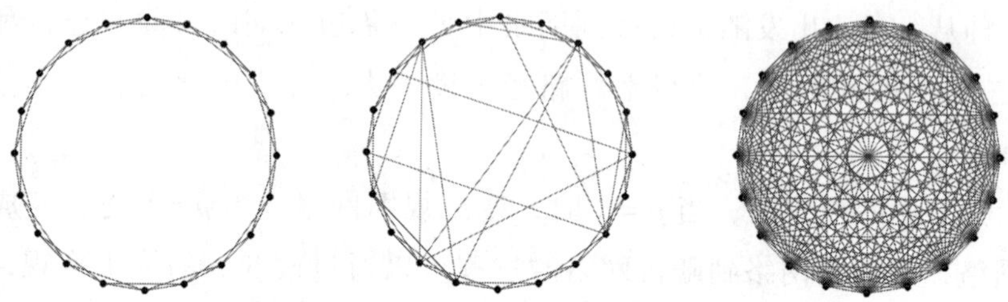

a p=0　　b p=0.05　　c p=1

图 2－8　NW 小世界网络模型

小世界网络的统计性质为以下几个方面。

2.2.3.1　平均路径长度

小世界网络的平均路径长度的计算比较烦琐，目前并没有公认的小世界网络的平均路径长度的表达式。纽曼、摩尔和瓦茨利用重正化群得到近似公式[65]：

$$L(p)=\frac{2N}{k}f(NKp/2) \tag{2-13}$$

式中 $f(\mu)$ 为一普适标度函数[60]，满足：

$$f(u)=\begin{cases}const & \mu\geqslant 1\\ (\ln u)/u & \mu\leqslant 1\end{cases} \tag{2-14}$$

纽曼等基于平均场方法给出 $f(\mu)$ 的如下近似表达式[65]：

$$f(x)\approx\frac{1}{2\sqrt{x^2+2x}}\text{arctan}h\sqrt{\frac{x}{x+2}} \tag{2-15}$$

2.2.3.2 聚类系数

WS 小世界网络模型的聚类系数[64]为：

$$C(p)=\frac{3(K-2)}{4(K-1)}(1-P)^3 \tag{2-16}$$

NW 小世界网络模型的聚类系数[66]为：

$$C(p)=\frac{3(K-2)}{4(K-1)+4Kp(p+2)} \tag{2-17}$$

2.2.3.3 度分布

对于“随机化重连”的 WS 小世界网络模型[67]，当 $k\geqslant K/2$ 时：

$$P(k)=\sum_{n=0}^{\min\left(k-\frac{K}{2},\frac{K}{2}\right)} C_n^{K/2}(1-p)^n p^{\frac{K}{2}-n}\frac{(pK/2)^{k-\frac{K}{2}-n}}{(k-K/2-n)!}e^{-\frac{pK}{2}} \tag{2-18}$$

而当 $k<K/2$ 时，$P(k)=0$。

对于“随机化加边”的 NW 小世界网络模型[60]，当 $k\geqslant K$ 时：

$$P(k)=\binom{N}{k-K}\left(\frac{Kp}{N}\right)^{k-K}\left(1-\frac{Kp}{N}\right)^{N-k+K} \tag{2-19}$$

而当 $k<K/2$ 时，$P(k)=0$。

类似于随机网络的度分布，小世界网络的度分布特征也可以用近似泊松分布来描述，该网络在 $<k>$ 有一处峰值，随后就会按指数急速退减，可以叫均匀网络，又称指数网络[60]。

2.2.4 无标度网络

结合众多文献资料以及相关研究可知，有一类网络的节点的连通性没有显著特征，并且度分布表现出幂律分布（如 WWW、Internet 等大规模复杂网络），称其为“无标度网络”。而对于幂律分布形式的产生，巴拉巴斯和艾伯特（Barabasi and Albert）基于现实网络的两个内在机制，构建了无标度网络的演化模型（BA 模型）[67]。

（1）增长机制：网络系统中的节点和连边随着时间的推移，数量会越来越大，网络规模也会随之增大。

（2）择优连接的特点：借鉴富人更富的观点（rich get richer），如有新增加的节点产生，它会自动与有着较高连接的度的节点相连接。

BA 无标度网络模型的构造算法[60]：

（1）增长：在初始时刻，假定网络中已有 m_0 个节点，在以后的每一个时间步长中，增加一个连接度为 m 的节点（$m \leqslant m_0$），新增节点与网络中已经存在的 m 个不同的节点相连，且不存在重复连接。

（2）优先连接：在选择新节点的连接点时，一个新节点与一个已经存在的节点 i 相连的概率 $\prod_i$ 与节点 i 的度 k_i 成正比：

$$\prod_i = \frac{k_i}{\sum_j k_j} \qquad (2-20)$$

进行 t 步，在经过这种算法之后，产生了一个节点为 $N = t + m_0$ 个、边数为 m_t 的网络模型。当 $m = m_0 = 2$ 时，BA 网络模型的演化如图 2－9 所示。一开始的网络中有两个节点，之后新增加的一个节点会优先选择与网络中已经存在的两个节点连接。

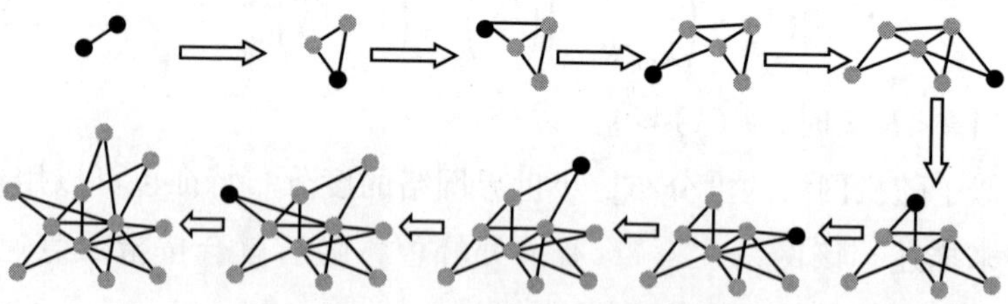

图 2－9　BA 无标度网络的演化过程[60]

无标度网络的统计性质如下。

2.2.4.1　平均路径长度

BA 无标度网络的平均路径长度[67]为：

$$L \propto \frac{\log N}{\log\log N} \qquad (2-21)$$

可以证明 BA 无标度网络同样具有小世界性的特点。

2.2.4.2　聚类系数

BA 无标度网络的聚类系数[68]为：

$$C = \frac{m^2(m+1)^2}{4(m-1)}\left[\ln\left(\frac{m+1}{m}\right) - \frac{1}{m+1}\right]\frac{[\ln(t)]^2}{t} \qquad (2-22)$$

可知其与 ER 随机网络相仿，对于大型网络，BA 无标度网络不具有显著的聚类特点。

2.2.4.3 度分布

BA 无标度网络的度分布计算主要有三种方法：（1）平均场理论[69]（mean - field approach）；（2）主方程法[69]（master - equation approach）；（3）速率方程法[70]（rate - equation approach）。而这三种方法得到的结论趋近于相等。其中，主方程法和速率方程法等价。分析计算可得[60]：

$$p(k)=\frac{2m(m+1)}{k(k+1)(k+2)}\infty 2m^2k^{-3} \tag{2-23}$$

故幂指数为 3 的幂律函数可以用来大致描绘 BA 无标度网络的度的分布，网络规模为 $N=1000$，$m=2$ 的 BA 无标度网络的度的分布如图 2-10 所示。

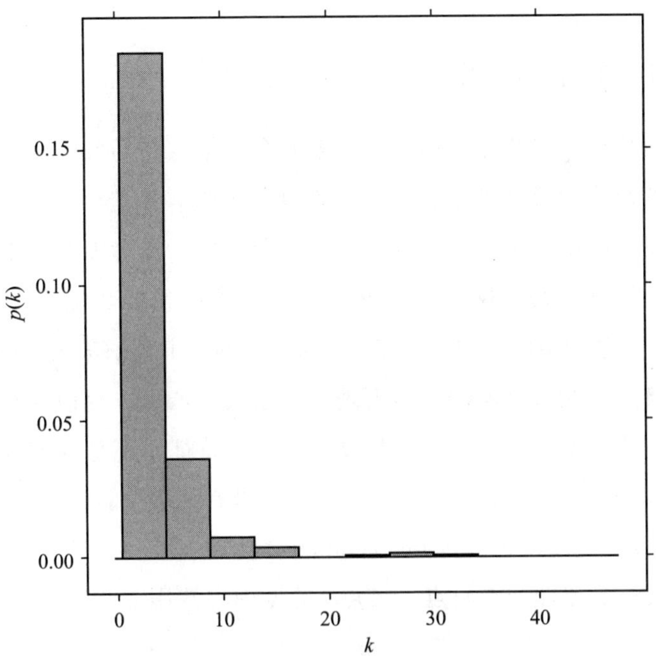

图 2-10　BA 无标度网络的度分布（$N=1000$）

这里将三种主要网络模型（真实网络、WS 小世界网络、BA 无标度网络）的性质进行比较，如表 2－1 所示。值得说明的是，由于 WS 小世界网络与 BA 无标度网络规则简单，且抓住了复杂网络的主要性质，迄今为止仍是使用最广泛的复杂网络模型。

表 2－1　小世界网络、无标度网络与真实网络的性质比较

网络类型	节点度分布	平均路径长度	聚类系数
真实网络	幂率分布	小	大
小世界网络	泊松分布	小	大
无标度网络	幂率分布	小	小

2.3　复杂网络统计特性

2.3.1　网络中心性

由于在复杂网络节点中存在着诸多的全局信息和局部信息，因而识别网络节点的影响力重要度是一个不容忽视的问题。中心性（centrality）是用于分析复杂网络中节点重要度最广泛和最重要的概念工具。中心性旨在使用定量方法刻画每个网络节点处于网络地位的重要程度[71]，越重要的节点能够对复杂网络的结构和功能有更大的影响，并能够波及网络中其他大部分的节点[72]。可以从不同的角度理解和定义中心度，目前存在多种不同的中心性度量标准，不管是以沿着边的流动为特征，还是标准以步行结构（walk structure）为特征，得到的中心节点都具有网络功能的特别重要性。

2.3.1.1　度中心性（degree centrality）

度最大的节点即为中心点，节点 i 的度中心性用 $C_D(N_i)$ 表示：

$$C_D(N_i) = \sum_{j}^{N} x_{ij}(i \neq j) \tag{2-24}$$

其中 j 为复杂网络中其他的所有的网络节点，N 表示复杂网络节点总数，x_{ij} 用于计算节点 i 与其他网络节点之间直接联系的数量，$i \neq j$ 排除节

点 i 与自身之间的关联。

但是这种测量方法受网络自身规模的影响很大，即在规模更大的复杂网络中，其节点的度中心性可能更高。标准化度中心性测量公式为[74]：

$$C'_D(N_i)=\frac{C_D(N_i)}{N-1} \tag{2-25}$$

将节点 i 的度中心性 $C_D(N_i)$ 除以节点 i 最大可能的连接数（$N-1$），得到其度中心性占网络中最大可能连接节点的数量比例，这样能够有效消除网络规模对于度中心性计算的影响。

标准化度中心性测量的结果处于［0，1］之间，$C'_D(N_i)=0$ 意味着节点 i 与其他任一节点之间都没有联系；$C'_D(N_i)=1$ 意味着节点 i 与网络中其余所有节点都有联系。

以图为例，图 2－11 和图 2－12 是用节点的度计算得到的网络中各节点的度中心性，在有 5 个节点的单链网络中，两端点的度指标为 1，其余节点的度指标均为 2；在有 5 个节点的十字架网络中，中心节点的度指标为 4，其余节点的度指标均为 1。

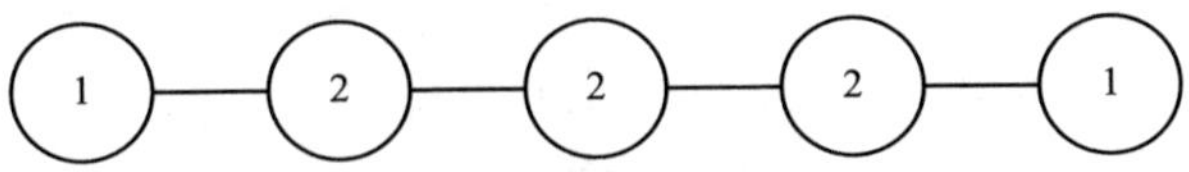

图 2－11　单链网络度中心性

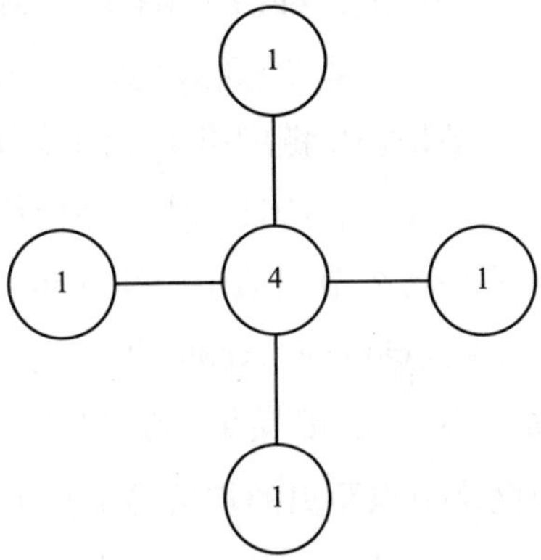

图 2－12　十字架网络度中心性

对比图 2－13 和图 2－14，标准化后的度中心性，我们可以忽略网络本身的节点规模。在单链网络中，端节点与其余$\frac{1}{4}$的节点有联系，而中间的节点与剩下一半的节点都有联系；在十字架网络中，中心节点与其余每一个节点都有联系，而十字架网络的其余节点与单链网络的端节点的标准化度指标一致，都与剩下的$\frac{1}{4}$的节点有联系。

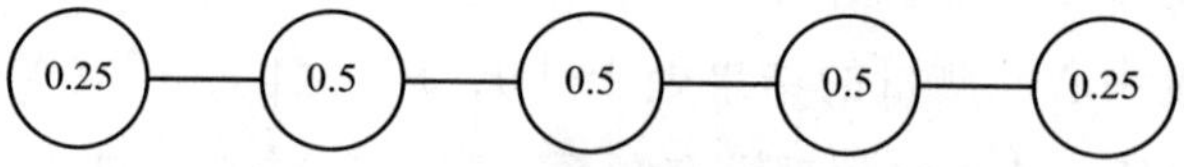

图 2－13　单链网络标准化度中心性

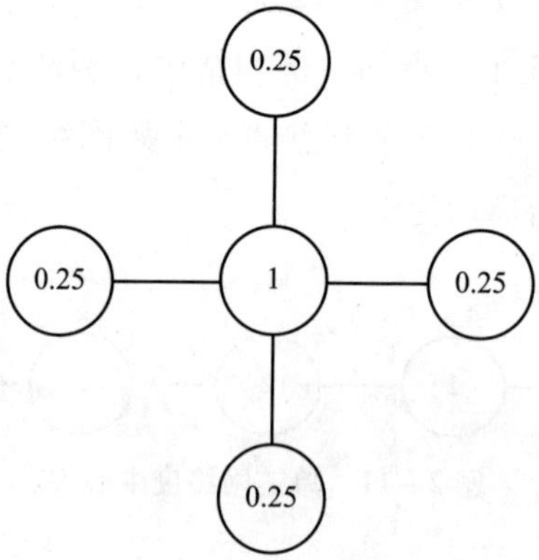

图 2－14　十字架网络标准化度中心性

根据度中心性的计算结果，单链网络中，除端节点外的其余节点，其中心性一样，且均高于端节点的中心性，十字架网络的中心节点的联系能力最强，中心性最高，其余各个节点的中心性相同。

2.3.1.2　接近中心性（closeness centrality）

复杂网络中的紧密中心性 C_C 指节点 i 到达其他网络节点的难易程度，用网络中节点 i 到其他网络节点距离的均值的倒数表示。

绝对紧密中心性：

$$C_C(N_i) = \frac{1}{\sum_{j}^{N} d_{ij}} (i \neq j) \tag{2-26}$$

（标准化）相对紧密中心性：

$$C_C'(N_i) = \frac{N-1}{\sum_{j}^{N} d_{ij}} (i \neq j) \tag{2-27}$$

其中 d_{ij} 定义为网络中节点 i 与节点 j 之间的距离（即连接这两个网络节点之间最短路径上的边数），$N-1$ 为节点 i 与网络中其他节点之间最大可能的关联数量。紧密中心点为复杂网络的拓扑中心，它的度不一定是最大的。

以图为例，图 2－15 为用度中心性标记的一个含有中心拓扑结构的网络，网络中一共有 10 个节点的度中心性指标为 3，但并不能从这 10 个节点中区分出中心拓扑结构的位置。

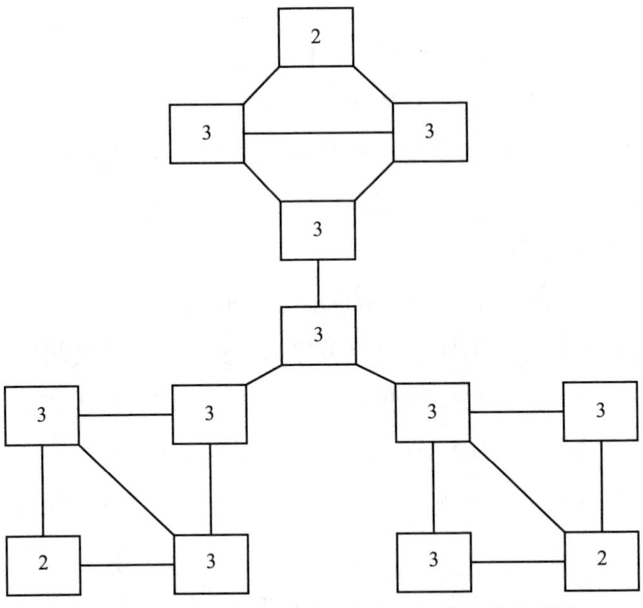

图 2－15　度中心性标记含有中心拓扑结构的网络

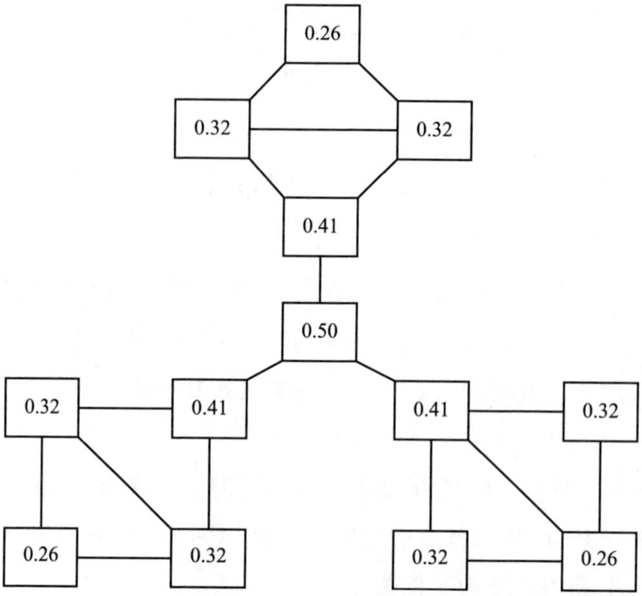

图 2－16　紧密中心性标记含有中心拓扑结构的网络

图 2－16 使用紧密中心性标记此网络后，明显处于中心拓扑位置的节点的紧密中心度更高，离中心拓扑位置越远的节点。其紧密中心程度依次递减。但此特征无法在使用度中心性标记的网络中体现出来，对比发现，紧密中心性比起度中心性，能够定量描述出此网络节点的拓扑中心程度以及网络的全局结构[74]。

2.3.1.3　介数中心性（betweenness centrality）

对于复杂网络之间的两个节点 s 与 v，它们两节点之间可能有许多条最短路径。计算复杂网络中任意两个网络节点之间的最短路径，若其中很多条最短路径都经过了某一节点，则认为此节点 i 的介数中心性较高，介数中心性反映的是节点作为“桥梁”的重要程度。介数中心性用 $C_B(N_i)$ 表示：

$$C_B(N_i) = \sum_{s \neq i \neq t} \frac{\sigma_{st}(N_i)}{\sigma_{st}} \tag{2-28}$$

其中，σ_{st}表示节点 s 与 t 之间最短路径的数目，布兰德斯（Brandes）提出“A faster algorithm for betweenness centrality”计算介数中介性[75]，引

入节点 i 在最短路径上的前驱节点 v 的集合进行计算，用 $P_s(i)$ 表示：

$$P_s(i) = \{v \in V: \{v, i\} \in E, d_G(s, v) + w(v, i)\} \tag{2-29}$$

$$\sigma_{si} = \sum_{v \in P_s(i)} \sigma_{sv} \tag{2-30}$$

基于以上公式，针对有权图调用 Dijkstra's 算法，在时间 $O(m + n\log n)$ 内算出 σ_{st}，无权图调用 BFS 算法，在时间 $O(m)$ 内计算出 σ_{st}。

$\sigma_{st}(N_i)$ 表示节点 s 到 t 之间最短路径中经过了节点 i 的最短路径的数目，公式如下：

$$\sigma_{st}(N_i) = \begin{cases} \sigma_{si}\sigma_{st} & d(s, i) + d(i, t) \\ 0 & other \end{cases} \tag{2-31}$$

除了上述的经典算法以外，还有非分布式算法、JUNG 算法、Gragh - stream 算法，等等，都可以计算出节点 i 承担“中介”的次数，此处不作拓展。

同时，若像度中心性一样考虑标准化问题，可将公式变形为一个节点承担最短路径桥梁的数量除以所有最短路径的数量。对于给定节点 i，若网络中其余任意两个节点的最短路径均经过节点 i，那么此时节点 i 的介数中心性指标达到最大值$\frac{(N-1)(N-2)}{2}$。标准化后的介数中心性公式如下：

$$C'_B(N_i) = \frac{C_B(N_i)}{(N-1)(N-2)/2} \tag{2-32}$$

2.3.1.4　流介数中心性（flow betweenness centrality）

流介数中心性在定义上对介数中心性进行了实际拓展，并不指在最短路径中充当“中介”次数较多的节点就含有较强中心性，而是指在传输信息、物质或能量等时经过的路径中充当“中介”次数较多的节点更重要。考虑在实际应用中，很多介质并不是通过最短路径传播的，例如，在输电网络中，其功率并不沿最短路径传输，而是尽可能沿着所有可到达的路径传输[76]。在复杂网络中，流介数中心性越强的节点对于整个网络的传送能力影响力越大。其定义公式类似于介数中心性：

$$C_B(v) = \sum_{s \neq v \neq t} \frac{\sigma_{st}(v)}{\sigma_{st}} \tag{2-33}$$

其中，σ_{st}表示节点 s 与 t 之间传输路径的总数，$\sigma_{st}(v)$ 表示节点 s 与节点 t 之间传输路径经过节点 v 的数量，$\frac{\sigma_{st}(v)}{\sigma_{st}}$反映了节点 v 对于节点 s、t 之间输送介质的控制能力，当 $C_B(v) = \sum_{s \neq v \neq t} \frac{\sigma_{st}(v)}{\sigma_{st}} = 1$ 时，意味着节点 s、t 之间的输送路径都包含节点 v，若节点 v 出现故障，无法发挥介质中传输的作用，那么节点 s、t 之间的所有传输路径都会瘫痪，从另一方面反映了节点 s、t 受限于节点 v 的程度。

2.3.1.5　特征向量中心性（eigenvector centrality）

特征向量的中心性是指节点 i 的中心性不仅取决于其与其他网络节点之间联系的数量（节点的度），也取决于其临近节点的中心性。应用于社会网络分析中，可列举为：如果被一个权威的人认为是有权威的，那么这个人的权威将会得到提高[77]。此人的权威中心性与此人相关的人的权威中心性的加权得分总和呈正比。与少量有较高影响力的节点相临近的节点或许比临近大量较低影响力的节点的中心性更高，这就是特征向量中心性所强调的情况所在。

特征向量中心性用 $C_E(N_i)$ 表示：

$$C_E(N_i) = c^{-1} \sum_{j}^{N} a_{ij} x_i (i \neq j) \tag{2-34}$$

在 N 个节点的网络中，节点 i 的邻接矩阵记为 A。若 $a_{ij}=1$，表示节点 i，j 之间存在连接；若 $a_{ij}=0$，表示节点 i，j 之间不存在连接。c 为邻接矩阵 A 的主特征值，为一个常量。$x_j=(x_1, x_2, x_3, \cdots, x_n)$ 为邻接矩阵 A 对应的 c 的特征向量，即 x_j 为节点 i 的临近节点 j 的重要性度量值，即：

$$cx_i = \sum_{j}^{N} a_{ij} x_j (i = 1, 2, 3, \cdots, n) \tag{2-35}$$

变形得到：

$$x_i = c^{-1} \sum_{j}^{N} a_{ij} x_j (i = 1, 2, 3, \cdots, n) \tag{2-36}$$

节点 i 的特征向量中心性指标 $C_E(N_i)$ 即为 x_i。

除以上基础算法外，特征向量中心性近年来衍生出许多应用于实际网络中的特殊算法。卡茨（Leo Katz）[78]提出一种用于确定某个个体在社交网络中重要程度的 Katz 指数，谷歌提出的 PageRank 算法应用于网页重要性排序之中，并通过公共参与或网民投票的方式来求解。

2.3.2 复杂网络中心性的应用

复杂网络中心性研究旨在能够在结构复杂且规模庞大的网络中找到最重要、最关键的节点，虽然目前有不同的理解角度和计算方式，但它们都是为了实际应用而服务，类型不同的复杂网络需要匹配相应的中心化指标来进行中心性研究，也可以结合各种中心性指标进行多重测试。当前复杂网络中心化的研究除了在社会网络中得到成功应用之外，还被应用于其他广泛的网络研究，例如，信息和交通网络、医药安全与细菌扩散网络，等等。

2.3.2.1 社会网络

社会网络包含个人和组织的集合以及两者之间的复杂联系[79]，社会网络中的资源及信息的流动和分配都受到社会规模和结构复杂程度的影响。社会网络研究是最早使用复杂网络中心化的，并且常用结合度中心性分析、介数中心性分析、紧密中心性分析的多重测试方法，目的是从社会网络中找到具有强力“桥梁”作用的人物。

基于复杂网络中心性理论，克拉克哈特（Krackhart）和边燕杰等学者提出了强关系优势论，认为强关系、强信任的一组关系可以加强个人影响力的传播和资源共享的能力，尤其是在困境之中，比起弱联系者，强联系、强信任的关系更有可能带来优质的资源。伯特（Burt）[80]将社会网络与经济学研究结合，提出“结构洞”理论，他指出在社会网络中，某些个体之间没有直接联系，或联系效率低下，这个时候就会出现关系结构上的空洞，此时如果有社会成员处于“结构洞”的位置，那么他就处于社会网络中的“集散中心”的位置，能够拥有大部分人没有获取的资源和信息。如图 2－17 所示，社会成员 m 与社会成员 n、g、f 都有邻接联系，但成员 f 与成员 n、成员 g 之间都没有直接联系，如果此时成员 m 通过成员 n 获得了一定的社会资源与信息，并且成员 f、成员 g 没有获得此利益，那么社会成员 m 则利用了成员 g 与成员 n 之间的“结构洞”，成员 f 与成

员 g 之间的“结构洞”占有了更大的信息优势。

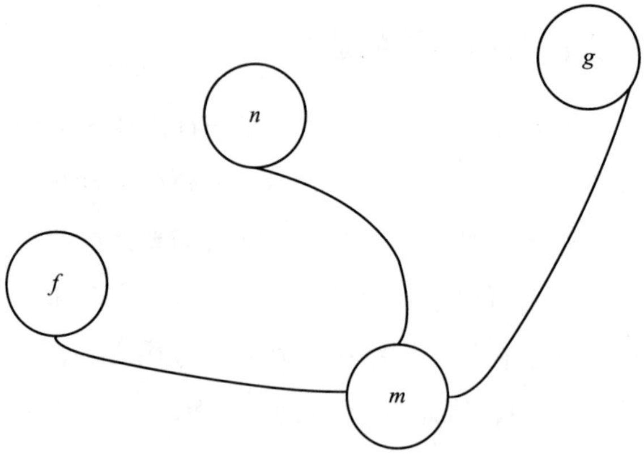

图 2-17 存在结构洞的社交网络

由于社会网络理论的普适性，近年来，无论是经济、政治、金融还是文化，各个领域的研究都逐渐结合社会网络理论，在当今信息过载的时代，信息和资源流动速度加快，精准地在社会网络中抓住中心点与资源集中点能有效地提升自我的竞争优势。

2.3.2.2 交通网络

在交通网络中，提前预判“交通拥堵点”，提高道路的承载能力，能有效防止高峰期交通道路的瘫痪，另外，规划运输的最短路径能够有效地降低成本、提高收益。因此交通网络的中心化研究十分必要。

城市网络中存在多种交通工具，当市民出行换乘时容易出现衔接时距离不明确、导向不明显等问题，极大地提高了出行成本。陈晓明等[81]提出一种基于双层复杂网络的交通网络换乘优化方案，利用复杂网络中心性节点重要度的权重分配法，对于城市大规模交通网络的公交车站及地铁站进行粗粒度和细粒度进行划分和筛选，选择具有高聚集效应和重要的节点加入双层城市交通网络结构，进而优化目前城市交通的车站布局和衔接关系。

为防止大规模级联堵塞现象发生，合理分配交通堵塞的载荷，王世波等[82]提出节点阈值判断法：为交通中每个节点设置合理的初始载荷，根据复杂网络的中心性测度公式，计算各个节点的载荷量是否超过其阈值，同时，针对失效节点，合理再分配其阈值，能够有效提升交通网络的抗击毁性，降低交通网络超负荷引起的失效节点数量，规避交通网络大规模级联失效的情况。图2-18为失效节点载荷再分配模型。

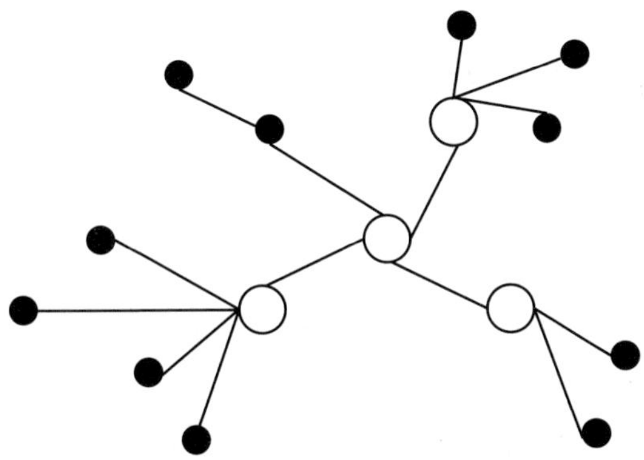

图2-18 失效节点载荷再分配模型

通过判断现有载荷与节点容量的大小关系来确定此节点当前是否发生拥堵，若现有载荷大于节点容量，则说明需要新一轮的载荷再分配。

交通网络中心性研究不仅为人们出行提供了更多的便捷，更为城市轨道交通网络的改进及新线规划提供思路。

2.3.2.3 病毒传播网络

在自然界中，病毒在网络中的传播是非常常见的现象，尤其是当感染性病毒爆发时，如何在有限的时间、有限的预算中将病毒带来的损失降到最低是十分有研究价值的。通过对病毒网络中的高爆发点的研究，得到病毒传播的一般规律，能够发布科学的病毒控制措施，并有效地预防健康人群的病毒感染。

针对复杂网络中的动态病毒传播，刁古月[83]利用复杂网络模型的度量参数构建病毒传播的动力学模型，随机选择病毒传播网络中的一个节点作为病毒传播的个体，病毒的传播途径即网络节点之间的联系，当节点的中心性越高，即此节点所代表的病毒感染率越高，同时，推导出病毒在传播网络上的动力学原理及每个节点对应的传播临界值，通过探讨感染率与节点传播阈值之间的关系，分析是否需要加大该节点的病毒控制力度。

结合二次预警行为理论（当社会网络中的健康节点获知邻接节点有感染病毒的风险时，此时发出预警，此时称为预警行为，已感染的节点有一定的可能性转化为预警节点，此时称为二次预警理论），张传宗等[84]从复杂网络的中心性角度分析病毒传播的临界值特征，提出了二次预警 SAIS（susceptible - alert - infected - susceptible）传播模型，并与一次预警 SAIS 传播模型进行比较，研究发现，稳态感染节点密度与二次预警率呈反比，二次预警率越高，病毒爆发规模就越小，爆发的速度也会减缓，此外，一次预警行为的 SAIS 模型的病毒传播临界值小于二次预警行为的病毒传播模型的传播临界值。由此得之，在病毒传播网络中，我们应该重视预警信息，据此预防病毒在网络中的扩散，从而降低病毒感染规模。

第 3 章

知识扩散机制

科学数据的快速增长，驱动着科学研究进入新的发展阶段并推动新的知识在各个学科领域的应用与发展。人类社会进入了信息爆炸的新经济时代，知识逐渐成为社会发展的主要动力。纵观历史长河，知识是一个从积累到创新的转化过程，作为人类在实践活动中所获得的认知和经验，知识既包括个人知识纵向积累，又包括人与人之间的横向传播。互联网的出现，加快了知识传播和知识创新的速度，新知识不断涌现，为知识创新提出了新的要求，促进了掌握不同知识和理论的人互相学习、传授与协作，并在此过程中不断地提出新的理念。知识主要通过人进行创造与传播，创新常常被视为集体智慧生成的结果。

如今，国内外学者对研究如何从积累的知识中学习创新，以及创新主要从哪些方面继承并得到发展的关注度越来越高。科学技术的不断进步推动着社会发展进入知识经济时代，知识成为重要的研究对象并受到不同领域和学科专家们的关注。信息技术的广泛应用与深入发展在促进海量数据资源形成的同时也给知识的有效获取和传播带来了新的挑战。

3.1 知识扩散的理论基础

知识的积累和传承是人类文明薪火相传、繁荣昌盛的重要原因之一，造纸术、印刷术、文字、互联网等为文明的传承提供了工具，知识的扩散就是知识以各类工具为载体在不同群体之间的流动，人们根据自己的需要和接收水平，从载体中获取对自己有用的信息。如果没有知识的扩散，每一代人都要回到文明的原点，重新研究钻木取火、发明文字，人类前进的步伐就会大大放缓，知识扩散对研究的意义也如此，知识扩散能够完成知识的传承，加速知识创新的步伐。21 世纪以来，世界从传统媒体时代跨入互联网时代，纸质媒体等传统知识载体被各类门户网站和数据库代替；此时，知识的来源变得异常丰富，知识的体验唾手可得，信息和知识的需求也异常旺盛。面对纷繁的信息和多样的需求，投入时间和精力研究知识扩散的规律，找出知识的分布特点、拓扑结构特征等能在一定程度上降低知识搜寻的成本，提高信息搜寻效率，优化结果，找到与需求匹配的优质信息。

3.1.1 知识扩散的复杂性

知识扩散系统是一个复杂非线性系统，该系统是一个大而抽象的概念，包括知识元、扩散介质、扩散方式以及扩散效果一系列内在要素，涉及知识经济各个层面的内容。系统内部运动中体现出强烈的非线性动力特征。主要体现在知识扩散系统的主体多元性及多层次性、知识本身的复杂性、知识扩散环境的复杂性和系统非线性。根据信息学原理，知识扩散必须具备 3 个主体和 5 个环节，此外还存在噪声扰动。3 个主体分别是知识扩散的拥有者、扩散者和接受者，在一般情况下，拥有者与扩散者合为一体，在此简单视为扩散者；5 个环节指信源、编码、信道、译码和信宿，如图 3 - 1 所示。表面看起来，知识扩散过程是一个简单的单向循环回路，事实上它是一个复杂的多向循环回路，具有过程结构分形、过程功能分形和抗扰动的反馈机制分形等特征。图 3 - 2 是知识扩散的分形关系图，从图 3 - 2 中也可以看出知识扩散运动这种互为输入输出的非线性机理[85]。

因此，传统的思维方式已经难以准确地把握知识活动规律和特性，从网络视角出发对整个知识系统进行分析，为理解认知过程中的复杂行为提供了新的思路。知识从个人传递给他人，传递过程中的每一步都有更多的发现和创新。在实践中，引用是代表知识交流的经典工具，引文网络的灵感来自“知识流”的概念，可以将其看作通过网络中知识扩散实现知识

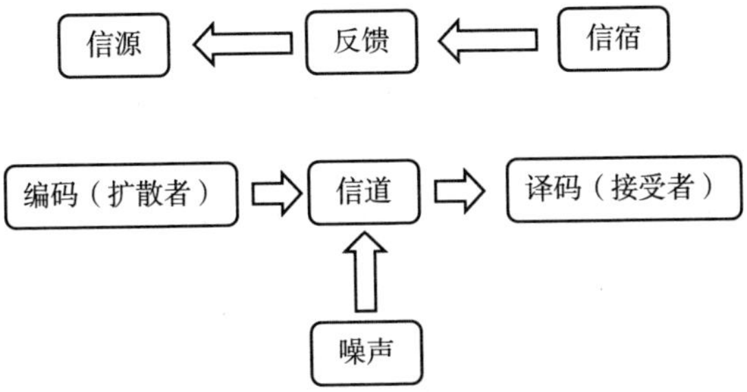

图 3－1 知识扩散过程[86]

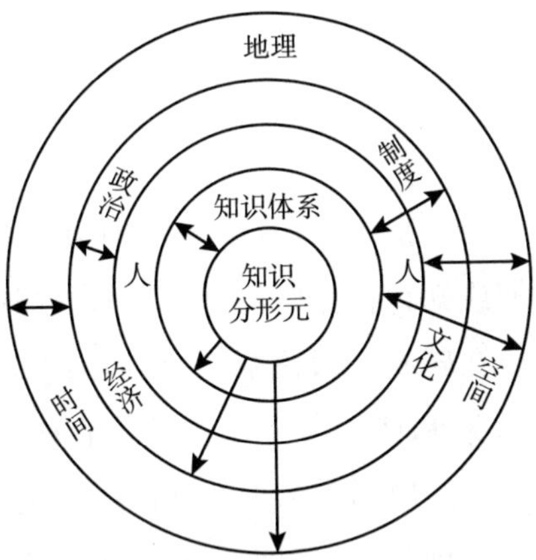

图 3－2 知识扩散分形关系图[86]

创新的例子。知识创新通过积累新的知识，探求新的规律，提出新的方法，来推动科学和社会的发展。与企业、专利等类型的知识扩散不同，基础研究领域的知识具有开放性和规范性等特点。在科学研究和知识创新的过程中，学术成果主要以科学论文、专著以及专利等形式保留下来。对于前沿的理论和研究方法，科学文献发挥着承上启下的作用，它不仅是单纯、独立的个体，而是知识成果的主要载体，通过文献之间的互相引用来体现彼此之间的关联性，简而言之，知识通过科学文献这一特定载体来实现传承，而这个传承的过程就是知识从被引文献扩散到施引文献的扩散过程。此外，近年来随着网络技术的快速发展，基于互联网发展而涌现出来的新型商业模式——众包，也受到了各行各业的广泛关注。众包的出现使得以往只能面向专业机构的外包通过网络化的众包逐渐扩展到整个社会。

2015年9月16日，李克强总理提出积极发展众智和众包等新模式。利用“互联网+”这一新兴概念，将传统产业与新兴产业相结合，汇聚各方资源推进分享经济成长，鼓励积极利用众包等模式，不断促进生产方式改革，最大限度地利用社会力量，构筑创新共享新生态。随着众包理论的不断丰富，应用众包进行研究的学科领域也逐渐增多。基于引文分析的知识扩散为众包领域相关问题的研究提供了新的视角，随着知识量的积累与增长，将社会网络分析等相关方法与引文分析方法相融合，进一步为众包领域的知识扩散研究提供了相对完善的理论方法和较为实用的分析工具，从而为更加准确地分析我国众包领域知识扩散的本质和规律提供坚实基础。

3.1.2 知识扩散的组织行为

原始知识管理应在开放系统中进行，内部组织可以与外部环境进行交互。基于知识转换周期或知识存储阶段是知识转换周期的第一阶段，是知识检索和使用的源泉。在转换阶段之后，将使用的知识积累到存储库中，以便在下一个循环中检索和使用。在这种知识存储、检索和转化的循环中，内部和外部的知识扩散应同时参加，共同促成这一循环。知识管理生命周期还包括四个阶段，即创建、补货、组织和分配。在知识链模型中，设计的5个主要和4个次要的知识管理活动导致了组织学习和投射。组织学习被看作发生在组织内部的知识扩散过程，投射被看作知识扩散与外部环境相互作用的过程。知识链模型启动知识获取，这是识别适当的外部知识，然后将不捕获的知识转换为可用的表示形式，供组织内部随后使用的过程，知识选择、生成和内部化之后，将现有的知识转化为组织输出，最终通过知识外部化释放到环境中。所以在各个节点中，知识的扩散和转移都是揭示着知识如何在内部组织交互的过程中，与外部环境同时进行交互。然后通过知识的内部组织行为，不断发酵积累知识的效应，转化为增加的知识价值，与单纯的知识扩散相比，知识的内部组织行为与外部环境相互交互的转换方式，能实现知识价值的提升。

目前，对知识扩散模型研究的主要思路主要是在其他已有类似模型的基础上进行改造，例如，借用BASS模型、传染病模型及其扩展模型对知识扩散模型进行构建。罗荣桂等[86]在传染病模型的方法和理论的基础上，构建了基于规则网络的 SIR 模型以及开发技术创新的基础扩散模型。黄（Huang）[87]根据不同机构的参与程度提出了两个基因进化以及人口动力学视角下的知识扩散模型。胡婉丽[88]研究了知识传播复杂网络模型的算法并进行了模拟。基萨和布鲁姆马（Kissa and Brooma）[89]把个体传染病模型引入到跨学科知识扩散的研究中，使用学科间的有向加权网络来描述研究内容的传播现象。贝当古（Bettencourt）等[90]将研究主题数量、文献数量和作者数量视为学术思想扩散的表征，利用传染病模型量化分析学术思想的扩散过程，研究结果表明，虽然实际数据与模型数据之间的匹配度较高，但是这种模型并没有体现出不同个体在知识扩散过程中的差异性。基萨等[89]在相关研究成果的基础上，提出了一个基于个体的有向加权的知识扩散模型，该模型可以描述各研究内容在各学科之间引文网络结构中扩散的过程。周健等对基于新局域世界的 BBV 网络演化机制与模型进行了研究。考恩（Cowan）提出了复杂网络中的一种知识扩散模型，并研究了网络结构和知识扩散间的关系[37]，杨玉冰等[91]也进行了类似相关研究。高与关（Gao and Guan）[92]综合了社会网络分析、网络可视化和引文分析等方法，从基于引文的时间序列网络的视角建立了知识扩散模型，该模型以文献之间的引用关系作为知识扩散的路径，并以网络的结构来反映和解释知识扩散的过程，该研究结果表明，网络结构视角的扩散过程可以用传染病的扩散过程来描述：知识的扩散就像传染病在个体之间的传播一样，刚开始的时候，知识从某个节点逐步扩散到邻近的节点，这些受到传染的节点进而又向周围的节点扩散，接受新知识的节点数量不断增多，呈爆发式增长，之后扩散的速度有所下降，知识接受者的数量快速减少，整个知识扩散的过程慢慢结束。这种知识扩散模式可以用逻辑曲线来表示，并以 h 指数相关文献为例，利用该模型对这些文献之间的知识扩散情况进行了分析，并基于逻辑曲线和路径分析法研究了知识扩散过程中的关键文献。

在企业经营实践中，距离和运输成本高度相关。令人惊讶的是，在讨论像知识或信息这样无形的东西时，它们也是相关的。在许多经济模型中，知识被认为是一种公共利益：一旦被发现和宣传，它就可以自由地供所有经济体使用。互联网和万维网的存在应该使知识的“全球可用”这一属性变得更加强大。考虑专利，专利是高度编码的数据，并且根据定义存储在公共数据库中，其中最重要的（USPTO 和 EPO）现在可在线搜索。因此，任何拥有互联网连接的人都可以阅读在美国或欧洲（以及许多其他司法管辖区）授予的任何专利。专利中包含的知识或信息的扩散应该是一种真正的全球现象。信息的传播是一个嵌入在特定位置的过程。距离在知识传播中很重要，越接近知识创始者的位置，就越早学会知识。知识扩散不仅是地理上的空间现象，也是一种“社会空间”现象。也就是说，与一个知识创始者的社会联系越紧密，将会越快地了解它。这些结果强烈暗示了一个结果，即知识传播在很大程度上是通过个人接触进行的。知识通过面对面的接触和直接的互动非正式地传递。对此的一种解释是，许多相关知识是默认的，或者至少没有编纂，这意味着它不能被传播，并且只能通过直接交互在本地传输。因此，空间对于知识传播至关重要，而社会空间可能与地理空间一样重要或更重要。“社交空间”只能在社交网络的背景下被人们所理解。

3.2 知识扩散模式

知识需要借助一定的媒介工具才能实现其在不同主体间的转移，例如，竞争企业之间，知识扩散模式可分为以组织中人力资源流动与交互为媒介的知识扩散模式，以产品终端市场为媒介的知识扩散模式，以提供研发、培训、经纪等服务的中介机构为媒介的知识扩散模式和以零配件、原材料等上游供应商为媒介的知识扩散模式等多种扩散模式。各个行业都具有其相应的一系列知识扩散模式。本节在讨论经典知识扩散模式中，主要沿引了罗宾·考恩（Robin Cowan）于 2004 年在 *Network models of innovation and knowledge diffusion* 一文中的阐述。

3.2.1 交互模式的知识扩散

希佩尔（Von Hippel）等[93]提出了一类知识转移扩散的微观经济模

型。他们观察了各种行业中的知识传递与交易。企业技术经理们在日常进行非正式会面，并讨论他们所面临的技术问题时，信息实现了独立于任何市场环境的传递。然而，这样的信息传递仍然存在一个“约定俗成”的交换条件，如果信息交互者收到了信息，却始终未进行任何形式的反馈，那么他最终将会被排除在交互之外。戴尔和延冈（Dyer and Nobeoka）[94]在丰田的经营网络中发现了类似的禁止“搭便车”行为，那些执意不自由分享知识的公司将受到制裁。在丰田的网络中，制裁是正式的，而在冯·希佩尔的工作中，制裁似乎更偏向于一种社会治理形式。然而在两种情况下，知识转移和扩散都被视为一种交互式交易模式，在这类模式当中，知识节点之间可以有效地交换知识和信息。

考恩和乔纳尔（Cowan and Jonard）[37]的研究则使用基础网络结构的变化来检验这些知识转移。假设有一群知识代理人，数量共计 N 位，每个代理与其他代理直接连接。各位代理人都拥有其特定的知识禀赋。所要进行交互的知识通常拥有若干种类型，代理人的知识禀赋差异可以由向量表示。节点以共享交互的方式交换各自所掌握的异质性知识。然而，在知识交互模式下，知识的“交换”只会线性地增加双方的知识水平，强调了知识作为一种商品的非竞争性，同时，知识转移也不完整，受制于知识交互双方吸收能力的差异。

具体来说，假设有两个知识节点 i 和 j。它们各自的知识禀赋分别是 $v_i=(v_i, 1, v_i, 2, \cdots, v_i, K)$ 和 $v_j=(v_j, 1, v_j, 2, \cdots, v_j, K)$。如果 i 和 j 进行了知识的交易，可以采用以下数理过程描述它们知识向量的演变。K 类知识被划分成对（m, n），使得 $v_i, m>v_j, m+c$ 和 $v_j, n>v_i, n+c$。

$$
\begin{aligned}
&v_{i,m}(t+1)=v_{i,m}(t)\\
&v_{i,n}(t+1)=v_{i,n}(t)+\alpha(v_{j,n}(t)-v_{i,n}(t))\\
&v_{j,m}(t+1)=v_{j,m}(t)+\alpha(v_{i,m}(t)-v_{j,m}(t))\\
&v_{j,n}(t+1)=v_{j,n}(t)
\end{aligned}
\tag{3-1}
$$

其中 a 是吸收能力，c 是每次交易的成本。吸收能力小于1，意味着交易后知识水平不会完全收敛。节点 j 只能学习 i 所施予的部分内容。这样做的必然结果是，随着知识沿着多节点知识链传播，从 i 到 j 再到 K，等等，知识水平将不断降低。因此，通过长链传递知识不仅在时间上不经济，在知识数量的减少方面来看也是非常昂贵的。

该模型的动态演化中，每个期间随机选择一个节点，即知识扩散者随机地选择它的一个直接连接，并与该节点进行所有可能的交易。随着时间的推移，节点的知识禀赋随着交易而变化。一个关键问题是，个体知识水平的增长是如何与整体规模经济产生关联的？以及整体知识水平的增长会受到网络结构的何种影响？为了回答这个问题，使用 Watts - Strogatz 算法模拟该模型，创建该知识扩散过程的仿真网络。在每次运行模拟开始时，使用 Watts - Strogatz 机制为给定的 p 值创建知识网络。节点被赋予知识向量 $v_i=(v_i，1，v_i，2，\cdots，v_i，K)$，其中 v_i，K 是从均匀［0，1］分布中提取的。模拟时间中的每个周期当中，随机抽取出来的节点尝试与和它直接连接的节点之一进行交易。模拟运行直到所有可能的交互都已结束，然后以新的 p 值重新启动[95]。

在这一模型中，没有产生出新知识，较短的路径长度应该有助于整体知识的增长。路径长度较短，意味着知识能够在群体之中迅速而广泛地进行传播，这是构成整体知识快速增长的源泉。意味着随机网络应该最为高效，但结果并非如此，从长期来看，知识增长最为有效的是小世界网络。

知识交互的一个缺点是要求潜在的参与者满足供需的双重要求。如果不满足，则不会发生知识转移。而 Cliquish 网络结构（局部集聚型网络）缓解了这个问题，因为在一个集群中，任意两个节点之间通常存在几条间接但很短的路径。因此，如果 j 与 i 存在共同邻居，则 j 仍然很有可能将知识发送给 i。如果网络是局部集聚类型，很容易会出现这种情况。因此，局部集聚图的局部冗余是避免由于需要约束的双重一致而产生问题的有效方法。不同网络结构的知识水平的时间序列显示出不同的模式。在随机网络中，并不存在可清晰辨别的地理结构，但路径长度却很短。

知识扩散在早期会非常迅速，但是伴随着知识的不断扩散，双方需求不断变化，使得扩散趋缓直至停止。在规则性较高的网络中，如最近邻网络，图形结构呈现出局部密集性，其路径长度较长，此时扩散效率较低。但由于集聚与需求匹配的双重巧合并不存在，因此总体知识增长可以持续很长时间。在小世界结构中，网络局部密集度较高，而路径相对较短。这种结构意味着快速的初始增长，而前者则意味着持续性增长。事实上，对根据观察到的小世界结构下的知识扩散特征而言，小世界网络中的知识水平增长在早期相对较快（虽然不如随机世界那么快），并且持续很长时间。

小世界网络下的结果还受到了知识节点吸收能力的影响，因其具有短路径长度与局部冗余两个特点。利用不同的吸收能力值进行实验表明，在断键重连算法中概率 p 下的最优网络结构变得越来越随机，即 p 的最佳值随着吸收能力的增加而增加。发生这种情况的原因在于路径长度和局部集聚的相对重要性随着吸收能力的变化而变化。通过设置 $a=1$ 的极端情况，可以明确得出这一结果。在这种情况下，如果 i 与 j 进行交易，则两者地位变得雷同。因此，第三个节点 k 在与 i 交易或者与 j 交易无差异。如果 k 与 j 相连，则 k 到 i 的链接没有价值。这表示，如果 k 拥有一个到其他节点的链接，而这个节点却与 j 没有连接，那么，此时局部集聚则无任何价值，此时选择 k 节点会更好。

3.2.2 广播模式的知识扩散

知识扩散涉及将信息或知识从一个节点传递到另一个节点。这个过程中，存在许多可能的微观经济模型。实证研究揭示了两个不同的结果。艾伦（Allen）[96]对 19 世纪克利夫兰钢铁工业中所谓的“集体发明”（collective invention）进行了考察，在集体发明的情况下，行业中的竞争者可以相互自由地分享技术信息。一家公司的技术进步，基本上是向该地区的其他公司进行“广播”的。例如，通过当地出版物或通过会议公开演讲进行广播，一个流行的案例便是开源软件的开发。同样，由一位开发人员推动的技术进步，则很容易被广播给同组开发人员，因此存在改进技术的共同任务。

基于上述交互模型，可知知识转移具有双边性质，但存在一种鲜明对比，即节点将其新知识在本地局域网进行广播。假设存在 N 个节点，每个节点与其他节点有直接连接，这些直接连接的节点被称之为“邻居”，各自标识知识存量。在每个时期，节点都会实施创新并向邻居广播它的新知识。这些新知识被它的邻居收到，并被部分吸收。不同节点间存在两个方面的异质性：创新能力和吸收能力。因此，节点的属性特征还包括其吸收能力 a_i，以及它的创新能力 b_i。基于此，节点知识的增加，原因主要有两个：节点自身的创新产出，或者从它的邻居那里吸收而来的新知识。创新者的知识存量变化很简单[95]：

$$v_i(t+1) = (1+b_i)v_i(t) \tag{3-2}$$

如果 j 是 i 的邻居，并且 i 实施创新，并将其新知识广播给 j。节点 j 的知识增长情况如下：

$$v_j(t+1) = \max(v_j(t),\ v_j(t) + \alpha_j(v_i(t) - v_j(t))) \tag{3-3}$$

在式（3-3）中，i 的知识并没有变化。在每次模拟运行中，设置特定的 p 值创建网络；节点则被赋予随机的吸收能力，随机的创新能力和随机的初始知识水平。模拟运行 50000 个周期，并记录其长期知识水平。广播模式的知识扩散模型可用于两个目的：比较不同网络结构的知识扩散性能特征，并观察与流行病模型等随机扩散相比，在特定网络中如何进行知识创新和扩散。只需要对广播模式的知识扩散模型进行略微修改，便可以得到一个近似流行病扩散的模型。在广播模式的知识扩散模型中，任何时候，特定节点会将它的知识广播给同组的 n 个邻居节点。相反，当节点进行知识广播时，它会随机从整个群体中选择 n 个节点。

此处，节点无固定的邻居集群，因此第一阶段的知识分布是完全随机的，就像在标准的流行病模型中一样。将广播模型与交互模型进行比较，将给出固定网络作为扩散媒介的价值启示。在广播模型中，与此前的交互模型类似，吸收能力的大小对结果具有重要影响。当吸收能力较低（<0.5）时，小世界在长期知识水平方面占主导地位。$0.01 < p < 0.1$ 的能力区域将产生最高的长期聚集知识水平。然而，当吸收能力很高（$a>0.5$）时，随机网络（$p=1$）占主导地位，并且它占主导地位的程度会随着 a 的增加而增加。

吸收能力也积极影响着网络的知识扩散效率。如果吸收能力低，无论 p 值如何，固定网络比随机网络知识扩散表现更好。相比之下，当吸收能力高时，随机扩散优于几乎所有网络结构。该价值来源于重复的互动，意味着有效传达得益于双方的多次互动。小世界网络作为传播知识与支持创新的结构而言优势明显，但在某些情况下，小世界并非最佳。如果节点向邻居传播的知识易于被吸收，那么在节点之间具有较短路径的随机世界最为高效。值得注意的是，知识扩散的过程都是在密度不变的网络环境中进行的。因此，随机扩散并不意味着向所有节点广播，而是向其随机选择的节点子集进行扩散。此处，节点不仅是被动的知识接收者，它们还积极地尝试利用它们的新知识实施创新。在这个模型中，如果 i 创新然后广播到 j，若 $v_i(t)>v_j(t)$，j 的知识水平变为[95]：

$$v_j(t)=v_j(t)\left[1+\left(\frac{v_j(t)}{v_i(t)}\right)^{\gamma}\left[1-\left(\frac{v_j(t)}{v_i(t)}\right)^{\gamma}\right]\right] \tag{3-4}$$

如果接收者在知识水平上远低于广播者，则接收者很可能难以理解该消息，造成吸收率很低。一个极端情况是，如果接收者非常靠近广播者，则消息中几乎没有新内容。假设在较为中间的位置，接收者接收知识，实施创新，并最终达到高于广播者的知识水平，这种情况代表着一个创新潜力巨大的行业。

在这个模型中，不存在小世界效应。短路径的影响往往超过了局部集聚局部的价值。但是短路径的值很大程度上取决于参数 γ，当 γ 很小时，该行业几乎没有创新潜力，知识的成长主要通过模仿其他创新者。在路径较短的情况下，随机图最为有效。但是，如果 γ 很大，正好相反。在这种情况下，跃迁成为一种重要的现象，由于这么做的节点会取得很大进步，因此它们可以迅速抛弃其他个体。这意味着它们的广播对于其他节点来说过于深奥，使其无法理解，因此对个体增长的贡献很小。在一个集群中，节点往往彼此相似，因此只有相对较少的节点被抛在后面，局部集聚结构容易产生最高的增长率。

当创新潜力很高时，网络的性能优于同类节点的集合。当 γ 很低时，反之亦然。此外，它与特点节点之间的扩散频率远超其他个体，因而对总体增长贡献很小，这可以解释为与行业生命周期有关。一个新兴行业往往创新潜力巨大，因为有许多未开发的途径，还有许多发现也尚未完成，这对应于高 γ，因此表明用于知识传播的最佳网络结构将是局部集聚网络。

相比而言，在成熟的行业中，存在主导的创新设计，创新比开发更具有挑战性，因此创新潜力要低得多，这可以用低 γ 表示。因此最佳网络结构将是随机的。在一个新兴行业中，通常知识的传播程度较低，因此吸收能力较低。主导创新设计出现的一个特征是编码的成本效益计算发生变化，此时，知识传播往往是一种更常见的活动。威尔特（Wilhite）[97]开发了一种交易模型，节点在信息不完全情况下，必须仅通过网络结构进行交易。他比较了经济表现，无论是否达到帕累托最优均衡，更重要的是，到达帕累托最优需要多久，以及累积交易成本有多高。他发现，当节点通过小世界网络结构进行交易时，经济在这些标准上的表现要好于使用不同交易基础设施的情况：即小世界结构中的节点将迅速达到帕累托最优均衡（模拟完全竞争的完整网络），但搜索成本非常低。近期，相关研究成果对经济网络的实证分析在很大程度上集中在网络结构上。在理论探讨与现实社会中，小世界结构普遍存在，但目前很少有实证研究解决不同结构之间的效率差异问题[95]。

3.3 知识扩散的系统流程

知识扩散是指知识通过某种接触性网络跨越时空在个人、企业或组织系统等不同个体间传播的过程，是知识生产的重要组成部分，对知识的继承与创新起着重要作用。由于知识扩散的复杂性，知识扩散的过程、路径和扩散规律难以被清晰认识和准确把握，很难用构建模型的方式来刻画。

罗杰斯（Rogers）在 1962 年出版的《创新的扩散》书中首次正式提出创新扩散的 S 形时间形态曲线理论，认为累计知识采用者的比例随时间发展大致呈现出较为规则的 S 形曲线，这一特征成为知识扩散的基本规则。

3.3.1 知识扩散组织系统流程

知识扩散 S 形规则曲线由两部分构成：一条为累计 S 形采用曲线，表示时间与累计知识采用者数量间关系的常态曲线；另一条为单位时间 S 形采用曲线，表示知识扩散速率的钟形曲线。二者皆采取时间为横坐标，采取知识采用者比例为纵坐标，规则曲线形态特征如图 3－3 所示[99]。

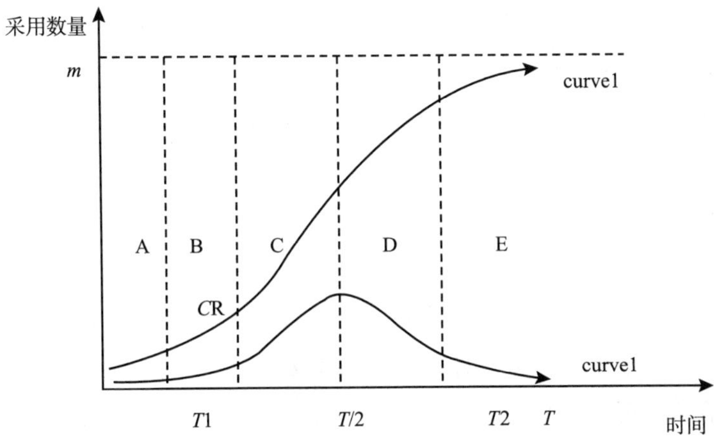

图 3－3　扩散曲线基本形态：S 形曲线与钟形曲线[99]

累计 S 形采用曲线的变化规则是前期知识采用者比例较少，扩散较缓慢，中期新增知识采用者显著增加，进入迅速扩散阶段，到后期扩散再次放缓，新增知识采用者数量减少，直至到达饱和状态，知识遍及整个网络，采用数量不再变化，扩散过程结束；钟形曲线的变化规则是从 0 开始，增速上升到达顶点后，不断下降至 0。整个知识扩散持续时间是 T，一般情况下，S 形曲线由边际效应递增曲线和边际效应递减曲线构成，转折时间点为 $T/2$ 处，因此钟形曲线也是一个对称曲线。知识扩散曲线呈现以上形态特征，是由于知识扩散网络内部个体时间及空间的因素，产生信息不对称现象，在知识扩散中心区域的个体尝试并采用知识需要耗费一定的时间，新传播者通过对知识的继承与重组，不断诱导潜在接收者，因此离扩散中心区越远的接收者，获取创新知识时间越长，且知识变异程度越大。

根据 S 形规则曲线的特征及自然生命周期理论，可分为三个阶段描述知识扩散：前期产生阶段、中期成熟阶段、后期衰退及死亡阶段[99]。

3.3.1.1 前期产生阶段

在知识扩散的前期产生阶段，存在着明显的“邻近效应”和“类似效应”。周素萍[100]认为的知识扩散是知识产生、知识溢出、知识继承、知识重组和新知识产生的一种螺旋式上升过程。初始知识源一般集中在少数主体构成的扩散中心区域，如高校、科研机构和少数自主研发的企业。知识源拥有先进技术或经验，处于行业领先地位，通过项目合作、交流学习、答疑等方式向周边网络结点进行知识溢出。在知识扩散前期，由于时空因素及知识自身的不稳定性，只有少数个体尝试创新知识。依据“邻近效应”和“类似效应”，这些最先尝试创新知识的个体，大多接近知识源或与知识源有着紧密社会联系，如具有明显地理优势或互为合作伙伴，意识形态的相同使他们易于获得和接受创新知识。在知识扩散系统流程中，前期接收者对于知识扩散整体过程起着重要作用，前期接收者包括知识扩散网络中的专家。

3.3.1.2 中期成熟阶段

前期的知识扩散大多在同质性主体间缓慢扩散，而中期的知识扩散将进入快速扩散阶段。在化学中，扩散被认为是物质分子从高浓度区域向低浓度区域的转移，直到均匀分布的现象，扩散的速率与物质的浓度梯度成正比；在生物学中，扩散被定义为生物群体因生存空间或因觅食、求偶等原因由源发地向其他地域传播、分散的过程[100]。知识扩散也有着类似性质，在知识扩散网络的不同个体间，存在着自身知识水平知识存量的势差，正是这种势差的存在，促使着知识有效流动。知识扩散网络中的专家在行业中有着较高威望以及领导力，被追随者认为是可以信赖的，知识自身的不确定性、不稳定性大幅降低，其他在前期采取观望态度的主体也将在中期采用。知识扩散前期的采用者，在这一阶段中也将成为知识源，与原始知识源一起诱导潜在接收者，知识扩散范围进一步扩大，新增知识采用者数量大幅度增加，知识扩散速率也显著提升。

3.3.1.3 后期衰退及死亡阶段

知识扩散后期，受到资源的限制，以及“波浪效应”“阈值模型”的影响。知识扩散由知识源向四周扩散，在扩散过程中，离中心区域越远，扩散时间越长，动力越微弱，直至动力减至 0，潜在接收者为 0，知识扩散网络趋于稳定，达到饱和状态，节点之间的知识势差趋于均匀分布，知识扩散由成熟阶段转变至衰退及死亡阶段。

3.3.2 知识扩散机制

知识是人类在认识和改造世界的过程中获得的经验的总和，是组织竞争力的重要体现。知识分为显性知识和隐性知识[100]，显性知识是为表述明确、易于以文字记载方式被其他组织模仿学习的知识；隐性知识是储存于组织内部成员个体思想中，能够被所有者运用自如但难以用文字方式表述、难以被其他组织模仿学习的知识，是个体经历的体现。显性知识和隐性知识是一种相对概念，它们的划分不是绝对的，知识创新就是隐性知识和显性知识交互作用的螺旋式上升过程[101]。日本学者野中和竹内提出了知识转化的四种模式——SECI 模型[102]。组织竞争优势的主要源泉是隐性知识，隐性知识由于为组织中个体所拥有，会随人员流动而损失，因此必须实现隐性知识的有效扩散来减少损失，隐性知识的特质决定了其扩散的困难性，必须依托于某种接触性网络，随着时间的变化，网络各个节点间知识势差也会发生变化[103]。

$s_i(t)$ 表示主体 i 在不同时点 t 的知识水平。由于知识无法找到明确的计量单位，很难确定具体数量、质量与价值，因此采用定量方式来表示知识的相对大小。知识由高水平溢出知识者扩散到低水平接受知识者时，接受者的知识水平得到提高，具体提高幅度由自身知识存量、知识势差以及学习吸收能力等决定。

假设主体 k 为高水平溢出知识者，主体 i 为低水平接受知识者，当 k 与 i 进行交流合作时，$t+1$ 时刻主体 i 的知识水平为[104]：

$$s_i(t+1)=\begin{cases} s_i(t-1)+\beta_i[s_k(t+1)-s_i(t)]+\Delta s'_i(t+1),\ s_k(t)>s_i(t) \\ s_i(t) \end{cases} \tag{3-5}$$

式（3 - 5）中，$s_k(t+1)-s_i(t)$ 表示低水平接受知识者对高水平溢出知识者原有知识的继承，而 $\Delta s'_i(t+1)$ 表示低水平接受知识者对高水平溢出知识者原有知识的变异重组，通过接收者主观能动地创新引发的知识增长。在知识扩散网络中，存在着大量行业领袖与专家，其自身知识存量显著高于其余知识接收者，在知识扩散过程中，专家的知识水平不能完全被接收者继承，必定存在黏滞现象，造成知识的大量流失。在此假设知识继承者的知识增量为低水平接受知识者和高水平溢出知识者知识势差的β_i倍（$0<\beta_i<1$），而β_i表示低水平接受知识者i对高水平溢出知识者k知识存量的吸收能力，假设吸收能力受低水平接受知识者i的知识水平$s_i(t)$、高水平溢出知识者k的知识扩散能力以及二者之间的连接强度$L_0(k,\ i)$的影响，也就是说，低水平接受知识者i的原始知识水平越高，高水平溢出知识者k的知识扩散能力越强，二者之间的初始连接强度越强，低水平接受知识者i的吸收知识能力系数β_i就越大。并且高水平溢出知识者k的知识扩散能力与k的知识存量有关，因此最终水平接受知识者i的吸收知识能力系数β_i的计算公式如下[105]：

$$\beta_i = \frac{1}{1 + L_0(k,\ i) - 1 + e^{-[s_i(t) + s_k(t)]}} \tag{3-6}$$

并且，低水平接受知识者i在继承高水平溢出知识者k的原有知识的同时，还存在着主观的知识自我增长，也就是对继承知识自我理解后，进行删减、拓展延伸等方式处理，实现创新性的知识结构重组，从而产生新的创新知识。这个过程的本质是知识经过结构性重组后发生质的变化，这种主观的创新知识增长发生于整个知识扩散网络的演变过程中。这种主体知识的创新增长计算公式为[105]：

$$\Delta S'_i(t+1) = S_i(t)(1 + \lambda_i) \tag{3-7}$$

其中，$0<\lambda_i<1$，表示低水平接受知识者i的创新能力[104]。单纯依赖于知识的继承或单纯依赖于知识的变异重组，都不能有效地促进知识扩散，只有同时存在于两种知识增长方式的情况下，能达到知识扩散效率的最大化。在知识扩散前期，大多数个体的知识水平较低，知识扩散主要表现为个体有目的的主动向行业专家学习吸收知识，此时知识的遗传继承起主要作用；在知识扩散后期，个体的知识水平不断提升，个体间知识存量差距不断缩小，并且在前期知识吸收过程中，对知识产生主观的结构重

组，在已有知识的基础上产生新知识，此时知识的变异重组起着较大的震荡作用。

3.3.3 知识扩散效果评价

知识扩散的主动性、可控性较弱，传播方式呈波浪状散播，通过知识扩散，主体能够获得知识提升自身的知识存量，但知识的黏性特质使得外部知识难以跨越组织边界传播，因此主体需要依赖于知识扩散网络的路径来获得知识。考虑到知识扩散过程中存在的黏滞现象，采取知识扩散网络知识水平、知识扩散速率、知识分布程度等作为评价指标来反映在整个接触性网络中知识的扩散状态[105]。

3.3.3.1 平均知识水平（average knowledge stock level）

平均知识水平可以表示知识扩散后网络内个体的知识存量大小，这其中包括扩散过程中产生的创新知识。个体平均知识水平越高，表明知识扩散越有效率；反之，则表明效率较低。整个网络平均知识水平可以由主体平均知识水平来反映，t 时点整个网络的平均知识水平为[105]：

$$\bar{\gamma}(t) = \frac{1}{N}\sum_{i=1}^{n}\bar{\gamma}_i(t) \tag{3-8}$$

其中，N 表示知识扩散网络的规模，即网络包含的主体数量，$\bar{\gamma}(t)$ 为 t 时刻整个网络的平均知识水平。知识扩散网络规模越小，主体在相同扩散时间内获得的知识可能性越大，整个知识扩散网络的平均知识水平就越大。

3.3.3.2 知识扩散速率（knowledge diffusion rate）

知识扩散会受到依托网络结构特征、知识特性、主体能力等的影响，知识扩散速率受到限制。在 t 时点，用整个网络的平均知识水平相对于 $t-1$ 时点的知识水平变化量来表示知识扩散速率[105]：

$$v(t) = \frac{\bar{\gamma}(t)}{\bar{\gamma}(t-1)} - 1 \tag{3-9}$$

其中，$\bar{\gamma}(t-1)$ 是 $t-1$ 时点知识扩散网络的平均知识水平，知识扩散网络规模越小，知识扩散前期达到的扩散速率越大，随着时间变化，知识在不同主体间传播，最终知识扩散的速率与知识扩散网络规模无关。个体通过知识继承吸收知识能力越强，通过知识重组创新知识能力越强，知识扩散速率越快，知识扩散网络的平均知识水平越高。

3.3.3.3 知识均衡程度（knowledge balance degree）

知识扩散网络知识水平的方差可以用来表示知识扩散过程后知识水平分布的均衡程度，计算公式为[105]：

$$\sigma^2(t) = \frac{1}{N}\sum_{i=1}^{n} S_i^2(t) - \bar{\gamma}_i^2(t) \tag{3-10}$$

其中，$\sigma^2(t)$ 表示 t 时点知识扩散网络知识水平分布的均衡程度，主体间知识存量差距越小，分布越均衡，方差越小。

3.4 基于知识主体异质性的知识扩散模型

知识网络中的知识主体在行业、机构性质、合作关系和内部创新实力等方面存在诸多的不同，其主体在知识水平、知识的吸收和创新能力、知识类型等方面存在较大的异质性，本小节介绍的基于知识主体异质性的知识扩散模型考虑了网络主体多方面的异质性的基础上描述了知识在网络中创新和转移的过程，并定义了知识扩散效率的度量指标[106]。

3.4.1 知识主体的异质性

3.4.1.1 知识水平的异质性

知识水平的异质性表现在各知识主体在进入网络初态和演化过程中知识水平上的差距。在加入网络之前主体因其规模、研发实力等方面的不同在知识存量上差距明显。由此设定少数的专家节点和多数的普通节点，专家节点在初态时知识存量明显高出其他节点，普通节点之间也存在知识水平上的差异。

3.4.1.2 吸收与创新能力的异质性

吸收能力的异质性表现在两方面：一是节点之间对新知识的吸收能力不同；二是节点自身对不同类型知识的吸收能力不同。某种知识存量相对较低的主体 i 从合作对象 j 那里吸收知识，并假定吸收到的知识与两主体之间知识存量的差成比例，称此比例为主体 i 的吸收能力系数为 α_i，α_i 定义为：

$$\alpha_i = \underline{\alpha} + a_i r \tag{3-11}$$

其中，$\underline{\alpha}$ 为吸收能力下限，a_i 为均匀分布在（0，1］之间的随机数，r 为全局常量[38]。因节点在吸收不同种类的知识时具有吸收偏好，假设对本行业知识的吸收能力更强，对其他行业的知识吸收能力削弱，削弱系数为 w，$0<w<1$。

创新能力的异质性表现在节点的自我创造新知识的能力的不同。假定节点 i 在 t 时刻新创造的知识与 $t-1$ 时刻的知识存量之比为 β_i，$\beta_i>0$，为节点 i 的自我创新能力系数，定义为：

$$\beta_i = b_i\bar{\beta} \tag{3-12}$$

其中，$\bar{\beta}$ 表示创新能力的上限，b_i 为在（0，1］均匀分布的随机数[38]。

3.4.1.3 知识类型的异质性

设定网络中的 N 个节点包含 C 种知识，分别代表金融业、生物制药、信息产业、节能环保等 C 个行业的知识，知识之间无直接关联。节点 i 的知识存量 $V_i(t)$ 为 C 维的向量。初始状态即 $t=1$ 时，每个节点只包含一个行业的知识，即 C 维向量中的某一个元素值大于0，其余元素值等于0。节点 i 的初始知识类型记为 $ic(i)$，ic 为记录网络中所有节点初始知识类型的向量。随着网络的不断演化，节点之间通过知识转移，每个节点的知识种类逐渐丰富。

节点在 t 时刻获取的新知识来自自我创造的和从合作对象那里吸收的新知识，而旧知识会随着时间的推移按特定比例衰减。个体在某个行业的知识存量达到上限时会达到饱和，不再增加新的知识。节点 i 在 t 时刻第 c 类知识的存量 $V_{ic}(t)$ 定义为：

$$V_{ic}(t)=\begin{cases} V_{ic}(t-1)(1-df)+Ain_{ic}(t)+Aab_{ic}(t) \\ \text{s. t. } V_{ic}(t)(1-df)+Ain_{ic}(t)+Aab_{ic}(t)<ub \\ ub \\ \text{s. t. } V_{ic}(t)(1-df)+Ain_{ic}(t)+Aab_{ic}(t)\geqslant ub \end{cases} \tag{3-13}$$

其中，$1\leqslant c\leqslant C$；$Ain_{ic}(t)$ 为节点 i 在 t 时刻新创造的第 c 类知识；

$Aab_{ic}(t)$ 为节点 i 在 t 时刻新吸收的第 c 类知识；df 为衰减系数，$0 < df < 1$；ub 为知识上限，$ub > 0$。

3.4.2 知识创造

节点通过完全的自主研发可创造新知识，若节点 i 在 t 时刻产生知识创造，新创造产生的知识 $Ain_i(t)$ 定义为：

$$Ain_i(t) = V_i(t-1)\beta_i \tag{3-14}$$

3.4.3 知识转移

各行业的主体通过协同创新，会相互吸收来自合作对象的知识。合作主体之间若在某种知识的存量上存在知识势差，则会产生该种知识的转移。在 t 时刻，节点 i 从所有合作对象那里吸收获得的第 c 类知识 $Aab_{ic}(t)$ 定义为：

$$Aab_{ic}(t) = \sum_{j \in \Gamma_i} Aab_{ijc}(t) \tag{3-15}$$

其中，$Aab_{ijc}(t)$ 为 t 时刻节点 i 从合作对象 j 吸收到的第 c 类知识，定义为：

$$Aab_{ijc}(t) = \begin{cases} (V_{jc}(t-1) - V_{ic}(t-1))\alpha_i, \\ \text{s. t. } V_{jc}(t-1) > V_{ic}(t-1),\ c = ic(i) \\ (V_{jc}(t-1) - V_{ic}(t-1))\alpha_i w, \\ \text{s. t. } V_{jc}(t-1) > V_{ic}(t-1),\ c \neq ic(i) \\ 0,\ \text{s. t. } V_{ic}(t-1) \geqslant V_{jc}(t-1) \end{cases} \tag{3-16}$$

3.4.4 整体知识扩散效率度量

知识的创新与转移将提升网络整体的知识水平，并改变知识水平的分布情况。根据节点平均知识水平、网络整体知识水平、整体知识增长速度、知识水平分布的均匀性等整体知识扩散效率指标与单个节点各类知识积累情况、网络中各类知识积累情况、各类知识增长速度等各类知识扩散效率指标，可以来度量协同创新网络中知识的扩散效率。

3.4.4.1　节点平均知识水平

节点平均知识水平为该节点知识向量的模，节点 i 在 t 时刻的平均知识水平 $\overline{V_i}(t)$ 定义为：

$$\overline{V_i}(t) = \| V_i(t) \| = \sqrt{\sum_{c=1}^{C} V_{ic}^2(t)} \tag{3-17}$$

3.4.4.2　整体知识水平

用网络中所有节点平均知识水平的平均值可以反映网络整体的知识水平，在 t 时刻，网络整体知识水平 $\bar{V}(t)$ 定义为：

$$\bar{V}(t) = \frac{1}{N}\sum_{i=1}^{N} \overline{V_i}(t) = \frac{1}{N}\sum_{i=1}^{N} \sqrt{\sum_{c=1}^{C} V_{ic}^2(t)} \tag{3-18}$$

3.4.4.3　整体知识增长速度

在 t 时刻的知识增长速度定义为：

$$\rho(t) = \frac{\bar{V}(t)}{\bar{V}(t-1)} - 1 \tag{3-19}$$

3.4.4.4　知识水平分布均匀性

知识扩散的一个目的是缩小各节点之间知识存量的差距，网络中主体知识水平的标准差用以度量知识水平分布的均匀性。标准差会随着整体知识水平的生长而增加，用 t 时刻的标准差系数 $c(t)$ 衡量知识水平分布的均匀性，$c(t)$ 定义为：

$$c(t) = \frac{\sigma(t)}{\bar{V}(t)} \tag{3-20}$$

其中，$\sigma(t)$ 为 t 时刻网络中各主体知识向量模的标准差。$0 < c(t) < 1$，值越大，表明节点间知识存量差距越大；相反，值越小表明知识存量相近。

3.4.5　各类知识扩散效率度量

3.4.5.1　各类知识积累情况

t 时刻，网络中第 c 种知识的累积和 $sv_c(t)$ 定义为：

$$sv_c(t) = \sum_{i=1}^{N} V_{ic}(t) \tag{3-21}$$

3.4.5.2　各类知识增长速度

网络中第 c 种知识的增长速度 $\rho_c(t)$ 定义为：

$$\rho_c(t)=\frac{sv_c(t)}{sv_c(t-1)}-1 \tag{3-22}$$

3.5　创新集群内部知识扩散模型

知识网络中存在一个个合作关系密切的创新集群，其集群内部的企业之间的合作多来自不同集群的企业之间，集群内部的技术转移更有利于对企业的技术升级和创新。本小节提出的创新集群内部知识扩散模型，用以描述知识的扩散者通过合作关系，将新知识在集群内部进行转移的过程。

3.5.1　知识扩散模型

知识扩散源产生的创新成果或获取的新知识，通过合作关系被合作者吸收，进而扩散到整个创新集群中。从整体知识网络中的每个创新集群中选择一个知识扩散源节点作为新知识的扩散者，每个时间步长，所有节点从本集群的邻接点处吸收该知识。节点的吸收能力各不相同，节点 i 的吸收能力即每个时间步长，吸收到的知识在新知识中的占比，记为 a_i，$a_i\in(0,1)$。

设定知识扩散源处的知识存量为 1，t 时刻，若节点 i 的该种知识的存量小于 1，且节点 i 的邻接点 j 和 i 在同一个创新集群；则 t 时刻，节点 i 从节点 j 处吸收的知识量 $Aab_{ij}(t)$ 定义为：

$$Aab_{ij}(t)=\begin{cases}(v_j(t-1)-v_i(t-1))a_i, & \text{s. t. } v_j(t-1)>v_i(t-1)\\ 0, & \text{s. t. } v_j(t-1)\leqslant v_i(t-1)\end{cases} \tag{3-23}$$

则 t 时刻，节点 i 从创新集群内所有合作对象吸收获得的该知识 $Aab_i(t)$ 定义为：

$$Aab_i(t)=\sum_{j\in\Gamma_i\cap C_i}Aab_{ij}(t) \tag{3-24}$$

其中 Γ_i 为 i 的邻接点集合，C_i 为 i 所在的创新集群中节点的集合。则节点 i 在 t 时刻的知识存量 $v_i(t)$ 定义为：

$$v_i(t)=\begin{cases}v_i(t-1)+Aab_i(t)s.t.\ v_i(t-1)+Aab_i(t)<1\\1s.t.\ v_i(t-1)+Aab_i(t)\geqslant 1\end{cases}\tag{3-25}$$

3.5.2 知识扩散效率度量

用各时刻的网络整体知识水平、知识增长速度和知识分布的均匀性等指标从多方面度量知识网络的知识扩散效率，这3个指标分别描述了在各时刻知识网络中节点平均知识存量的多少，知识增长的快慢和节点间知识存量的差距。

3.5.2.1 整体知识水平

整个知识网络 t 时刻的整体知识水平 $\bar{v}(t)$ 定义为该时刻网络中各节点知识存量的平均值：

$$\bar{v}(t)=\frac{1}{N}\sum_{i=1}^{N}v_i(t)\tag{3-26}$$

3.5.2.2 知识增长速度

网络整体的知识增长速度 $\rho(t)$ 由不同时刻的整体知识水平确定，定义为：

$$\rho(t)=\frac{\bar{v}(t)}{\bar{v}(t-1)}-1\tag{3-27}$$

3.5.2.3 知识水平分布的均匀性

知识扩散的一个目的是缩小各节点之间知识存量的差距，网络中主体知识水平的标准差用以度量知识水平分布的均匀性。标准差会随着整体知识水平的增长而增加，用 t 时刻的标准差系数 $c(t)$ 衡量知识水平分布的均匀性，$c(t)$ 定义为：

$$c(t)=\frac{\sigma(t)}{\bar{v}(t)}\tag{3-28}$$

其中，$\sigma(t)$ 为 t 时刻网络中各主体知识存量的标准差。$0<c(t)<1$，值越大，表明节点间知识存量差距越大；相反，值越小，表明知识存量相近。

第4章 基于无标度网络模型的协同创新网络知识扩散

受制于技术创新的动态复杂特征，企业完全依靠自主研发手段来获取技术优势的难度愈来愈大。实践中创新过程也更多地发生在资源互补的合作伙伴之间，即创新主体在不断努力地寻求与多个知识互补的合作伙伴进行协调和配合。来自不同行业的企业、大学与相关科研机构、政府以及中介服务机构等联结成协同创新网络，以促进技术溢出和知识共享[107]。复杂网络理论被广泛应用于不同的研究领域[108]，例如，社交网络[109-111]、股票市场[112-113]、研发网络[114-115]、航空网络[116-117]、流行病的传播[118-119]，等等。范德默韦和拉达（Vandermerwe and Rada）指出，基于技术变迁存在的复杂、动态以及间断性平衡特征，创新网络成为当前跨组织技术创新的重要模式[119]，协同创新网络是一个动态演化的创新网络，具有复杂网络特性，它在促进政产学研用等多主体间深度整合，集中优势力量联合攻关，以及通过知识创造主体与技术创新主体间的深入合作和资源整合，以发挥创新要素的协同效应方面存在极为重要的作用。从目前发展形势看，如何更科学地管理协同创新网络，提高网络中的知识存量以及知识流动效率，以提升协同效应是当前协同创新发展背景下亟须解决的问题。本章以协同创新网络及其相关理论为基础，借助复杂网络演化模型，对协同创新网络的知识扩散过程进行计算机模拟，通过数值仿真研究协同创新网络中知识扩散效率问题，从而进一步探讨总结协同创新网络的管理启示[106]。

4.1 协同创新网络

协同创新网络的相关研究大多着眼于探讨网络演化效应与微观节点行为特征之间的关系。例如，解雪梅和左蕾蕾[121]研究了企业协同创新网络中知识吸收能力对网络特征与创新绩效之间的中介效应。黄海霞和陈劲[122]提出了创新生态系统协同创新网络的理论模型，并研究了其运行机制。陈和容（Chen and Rong）[123]分析了中国风力发电机制造业协同创新网络的演化过程。解和方（Xie and Fang）等[124]则运用fsQCA方法，探讨了协同创新网络与知识传输绩效之间的关系。目前在针对协同创新网络的相关研究中，对协同创新网络模型构建与仿真的研究尚不多见，协同创新网络中的主体和网络结构具有较强的异质性，现有研究也普遍忽略了这一特点，本章设计了基于无标度网络模型的协同创新网络知识扩散模型，考虑了知识主体的知识类型异质性，通过数值仿真探寻网络整体知识与不同种类知识的扩散效率问题，以弥补这一研究缺憾。

4.1.1 网络描述

由有限个创新主体（企业等创新机构）组成的协同创新网络，创新主体之间存在创新合作关系。将这些创新主体与它们之间的合作关系视为一个网络，网络节点代表主体，网络中的边代表主体之间存在合作关系。无向图 $G(S, T)$ 中存在 N 个节点，$S=\{1, 2, 3, \cdots, N\}$ 是节点的有限集，$T=\{ij \mid i, j \in S\}$ 是所有节点的连线的集合。所有与节点 i 存在直接连接关系的节点集合记为 Γ_i，$\Gamma_i=\{j \mid ij \in T\}$，节点 i 的度 K_i 为集合 Γ_i 中元素的个数。令 $V_i(t)$ 代表节点 i 在 t 时刻的知识存量。在协同创新网络中，知识的增长主要来自两个方面：一是依靠主体内部的研发投入进行知识创造；二是通过网络内部存在合作关系的主体之间知识转移获得知识增长。

4.1.2 网络生成演化算法

随着协同创新网络的发展，一些大的企业组织开始出现，这些机构拥有更多的合作对象，意味着其具有更高的声誉与信任水平。很多中小型企业倾向于和这些大企业相连以获取信息、资源、市场和数据[24,125]。随着网络的演化，协同创新网络的网络结构呈现出无标度特性。

巴拉巴斯和艾伯特（Barabási and Albert）[126]构建了无标度网络的演化模型（BA 模型），揭示了无标度网络的内在机理。模型的构成算法如下：（1）生长（growth）：从 m_0 个节点开始，在每一个时间步长，加入一个有 $m(<m_0)$ 条边的节点，这些边连接这个新节点到 m 个既有节点。（2）优先连接（preferential attachment）：当选择这些节点与哪个新节点相连时，假设一个新节点与节点 i 相连的概率 $\prod_i$ 取决于 i 的度 k_i：

$$\prod{}_i = \frac{k_i}{\sum_{j=1}^{n} k_j} \tag{4-1}$$

若前 m_0 个节点完全连接，且每个时间步长均有节点加入网络，在 t 个时间步长以后，即产生了 $t+m_0$ 个节点和 $m_0(m-1)/2+mt$ 条边的无标度网络。

4.2 知识扩散模型

在协同创新网络中，知识主体包括来自不同行业的企业、大学、科研机构、金融机构、中介机构、政府部门，等等。知识主体具有较强的异质性，主要表现在知识水平、知识吸收与创新能力和知识类型等方面的差异[127]。故本章基于协同创新网络的知识扩散模型采用第 3 章 3.4 节中提出的基于知识主体异质性的知识扩散模型。

4.3 研究设计

在 matlabR2013b 上进行仿真实验，对基于无标度网络模型的协同创新网络的整体知识扩散效率、各类知识扩散效率两个方面进行了研究，研究设计如下。设定网络中节点数 $N=500$，时间步长 $T=1000$，知识类型

$C=6$。每个节点初始拥有一种知识，节点 i 的初始知识类型 $ic(i)$ 为服从 $[1, C]$ 均匀分布的随机整数。为使扩散效果更易于观察，设置25个专家节点，其初始知识存量明显高于其他节点。25个专家节点初始知识存量为30，其余节点则为普通节点，初始知识存量为（0，1）之间均匀分布的随机数。协同创新网络中的主体相对于自主创新更倾向于合作，由于自主创新艰难又漫长而知识的扩散相对较快，因此吸收能力的值设定大于创新能力，如此设定也更有利于观察知识扩散效率。设定创新能力上限 $\bar{\beta}=0.003$，吸收能力下限 $\underline{\alpha}=0.001$，全局常量 $r=0.02$，各节点的能力系数如图4－1所示。设定吸收偏好削弱系数 $w=0.01$，知识上限 $ub=350$，衰减系数 $df=0.0005$。无标度网络中初始节点数为 $m0$，每个时间步长加入一个节点进入网络中，与已存的 m 的节点相连。设置初始节点数 $m0=7$ 且完全连接，后每加入一个新节点与 $m=7$ 个旧节点相连。专家节点先进入网络，普通节点后进入网络。

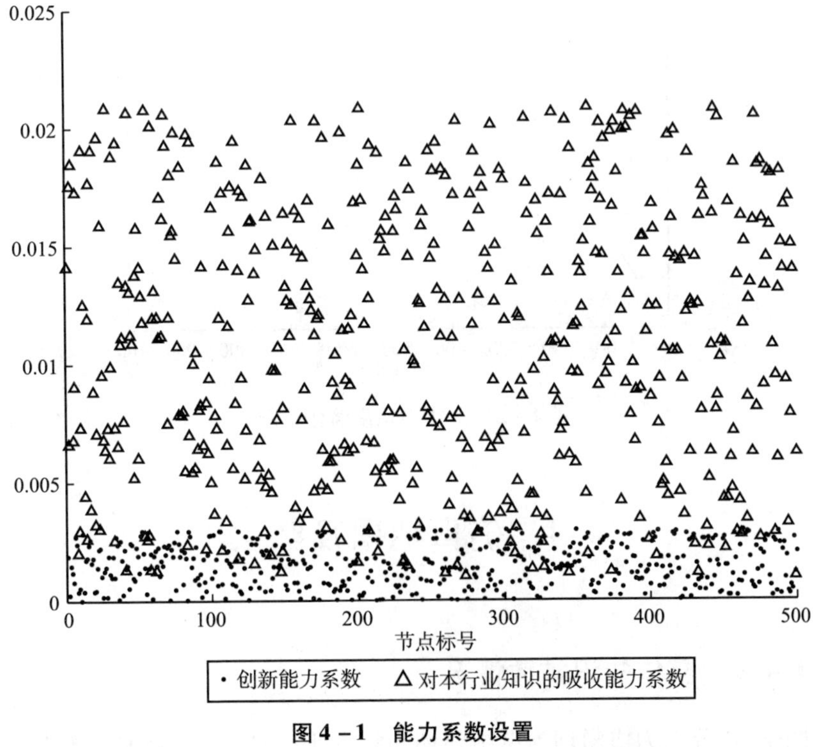

图4－1　能力系数设置

t时刻，网络中所有节点的度的平均值称为网络平均度$K(t)$，定义为：

$$K(t)=\begin{cases}\dfrac{m_0(m_0-1)+2m(t-1)}{N}, \\ \text{s. t. } t\in[1,\ N-m_0+1] \\ \dfrac{m_0(m_0-1)+2m(N-m_0)}{N}, \\ \text{s. t. } t\in[N-m_0+2,\ T]\end{cases} \tag{4-2}$$

图4-2为网络平均度$K(t)$的演化情况，无标度网络初始为m_0个节点，每个时间步长加入一个节点进入网络，并引入m条边，因此在N个节点完全加入网络之前网络平均度呈线性递增趋势，在节点完全加入网络之后，网络结构不再发生变化。

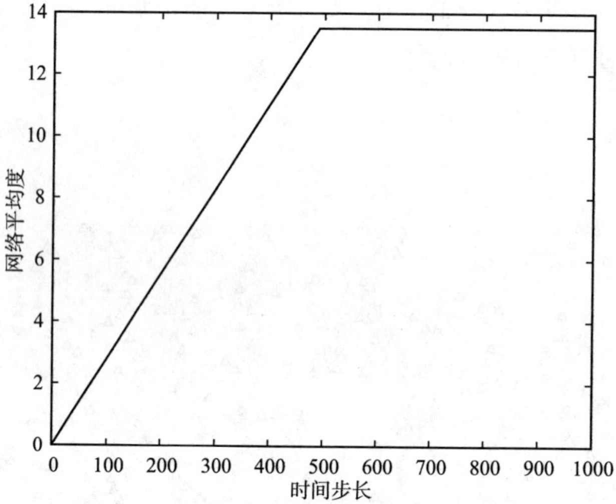

图4-2　网络平均度演化情况

4.4　仿真结果及结论

4.4.1　整体知识扩散情况

图4-3分别为协同创新网络整体知识水平（式（3-18））、整体知识

增长速度（式（3-19））、整体知识水平标准差系数（式（3-20））和各节点不同时刻平均知识水平（式（3-17））的仿真结果。经观察，整体知识的扩散分为三个阶段：$t\in[1, 19]$，$t\in[20, 494]$，$t\in[495, 1000]$。

第一阶段，$t\in[1, 19]$，为专家节点加入网络阶段。$t=1$ 时刻，专家节点平均知识水平明显高于普通节点（如图4-3d所示）。$\bar{V}(t)$ 的增加不但与节点的自我创新有关，还与节点之间的知识转移有关。基于无标度网络模型的协同创新网络在每个时间步长加入一个节点进入网络。在演化初期，大部分节点处于孤立状态，多数节点只能依靠自我创新增加知识量，因此在初期整体知识水平较低（如图4-3a所示），速度增长缓慢（如图4-3b所示）。初期专家节点进入网络，专家节点与普通节点存在较大差距（如图4-3d所示），因此标准差处于最大值（如图4-3c所示）。在这一时期，处于规模较大的机构进入网络的阶段，其余的中小型机构还未进入网络中，网络中的整体知识水平较低，知识增长速度缓慢，机构之间的知识资源分布也不甚均匀。

第二阶段，$t\in[20, 494]$，为普通节点加入网络阶段。每个时间步长有1个中小机构进入网络中，网络平均度不断增加（如图4-2所示）。图4-3d中，$t=400$ 时刻未加入网络与加入网络不久的节点平均知识水平较低，专家节点知识存量普遍高于普通节点。整体知识水平（如图4-3a所示）曲线的斜率不断递增。随着中小规模的组织不断进入网络，大型机构的知识逐步向中小型机构转移，主体之间的知识水平差距逐步缩小，在这一时期，主体知识水平标准差系数显著降低（如图4-3c所示）。整体知识水平增长速度在这一时期内达到最大值（如图4-3b所示），随着主体的不断进入，知识势差逐渐缩小，知识增长速度也随之放缓。

第三阶段，$t\in[495, 1000]$，网络结构稳定阶段。所有节点已完全进入网络，并与合作对象建立了长期稳固的合作关系。在 $t=494$ 时刻，网络平均度不再增加（如图4-2所示），整体知识水平演化曲线出现了一个转折点（如图4-3a所示），斜率有所降低，在此之后斜率逐步增加。知识增长速度也在此时间点上急剧降低，之后趋于平稳。因节点已完全加入网络，经过知识转移，节点之间的知识势差减少，标准差在 $t=494$ 时刻减少放缓。直到后期，整体知识水平演化曲线趋于线型增长，知识增长速度稳定在一定水平。在 $t=494$ 时刻之后，标准差系数维持在较低水平，说明协同创新网络中各主体在合作关系建立之后，知识资源得到了均匀配置，各主体均能较公平地在网络中获取知识，整个网络能健康地发展。另外，在 $t=1000$ 时刻，所有节点的平均知识水平分布情况如图 4－3d 所示，大部分专家节点的知识存量仍然处于领先地位。

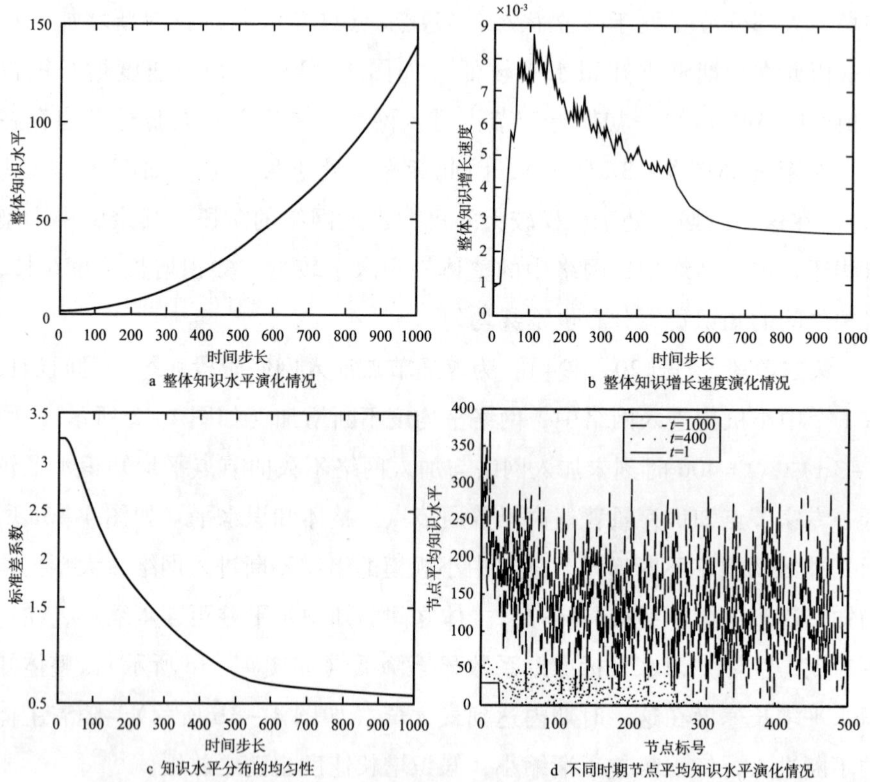

图 4－3　协同创新网络整体知识扩散情况

不同参数设置对整体知识水平的影响结果如图 4－4 所示。由式（3－11）得知，吸收能力受 r 影响较大，通过调节 r 的取值，以获取不同的吸收能力。图 4－4a 为不同吸收能力下网络整体知识水平的演化情况，在 $r=0.005$ 时，$\bar{V}(t)$ 增长缓慢，随着 r 的增加，$\bar{V}(t)$ 增幅不断扩大，且在 $t=494$ 时刻，$\bar{V}(t)$ 的转折点更加明显，说明主体的吸收能力越强，网络中整体知识水平增长越快，在主体完全加入网络的关键时间点，整体知识水平的波动越明显。在 $r=0.3$ 时，演化后期因部分节点的某类知识达到设定的知识上限值 350，$\bar{V}(t)$ 的增长有所放缓。

在不同网络规模下，整体知识水平的演化情况如图 4－4b 所示，在其他参数设定一致的情况下，节点完全加入网络之前，网络平均度与节点总数成反比（式（4－2））。$N=100$ 时，$\bar{V}(t)$ 在演化前期处于最高水平。根据式（4－2），在节点完全进入网络之后，网络平均度与网络规模相关性降低，不同网络规模下，网络平均度之间的差距缩小，$\bar{V}(t)$ 之间的差距也缩小，说明 $\bar{V}(t)$ 与网络平均度相关。

在调节 m 与 m_0 参数的仿真中，设置 $m=m_0$。不同 m 与 m_0 值改变网络平均度（式（4－2）），m 与 m_0 越大，网络平均度越大（式（4－2）），主体之间的连接越充分，知识增长速度也越快，节点完全加入网络的转折也越明显（如图 4－4c 所示）。到演化后期，不同 m 与 m_0 之间，$\bar{V}(t)$ 之间的差距更大。

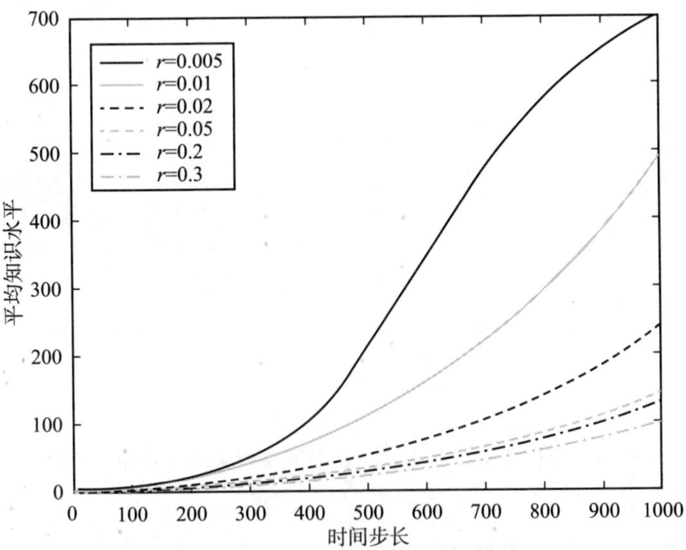

a 不同的吸收能力

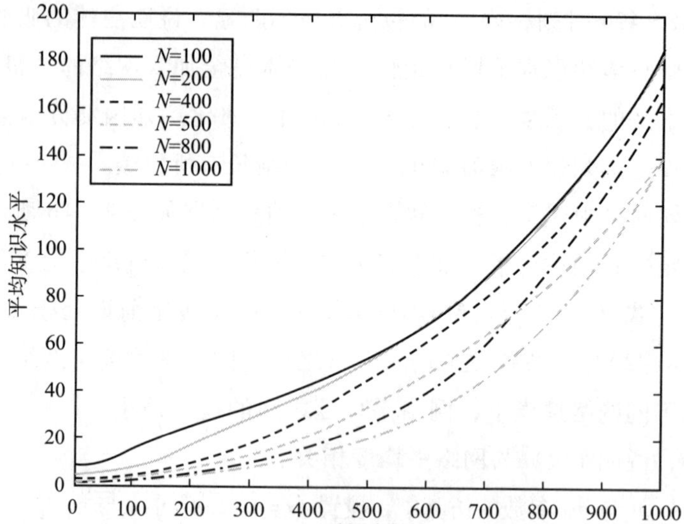

b 不同的网络规模

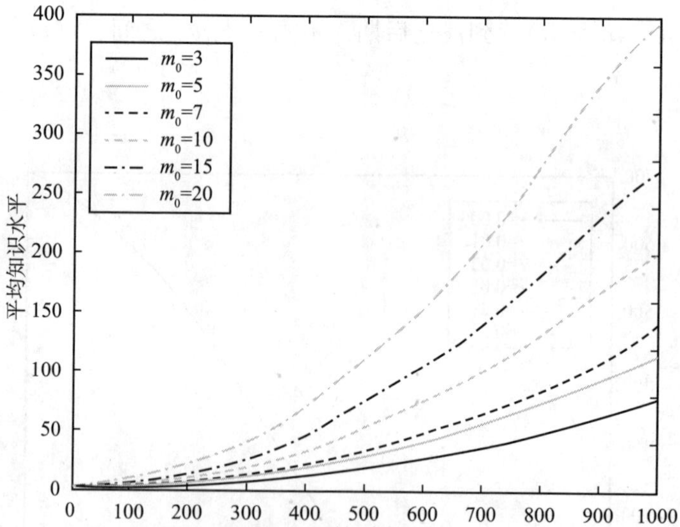

c 不同的m与m_0

图 4－4　不同参数设置下协同创新网络整体知识水平演化情况

4.4.2　各类知识扩散情况

选取四个典型节点（专家节点中吸收能力最弱和最强的节点，即 8 号与 22 号节点；普通节点中吸收能力最弱和最强的节点，即 333 号与 474 号节点）观察其各类知识积累情况，节点基本情况如表 4－1 所示。图 4－5 为其各类知识的积累情况，嵌套小图为该节点邻接点各类知识之和的演化情况。四个节点中除了本行业的知识以外，其他行业知识存量多少的排序基本和其邻接点各类知识存量的总和排序一致。节点中吸收能力高的节点不仅自身行业的知识高于吸收能力低的节点，对其他行业的知识吸收情况也更好。专家节点的本行业知识远超过普通节点，可见专家节点因其知识存量的基数较大，在演化过程中知识的积累量也超过了普通节点。

表 4－1　　　　四个典型节点基本情况

节点号	初始知识存量	初始知识类型	吸收能力
8	30	3	0.002
22	30	3	0.019
333	0.311	5	0.001
474	0.432	6	0.020

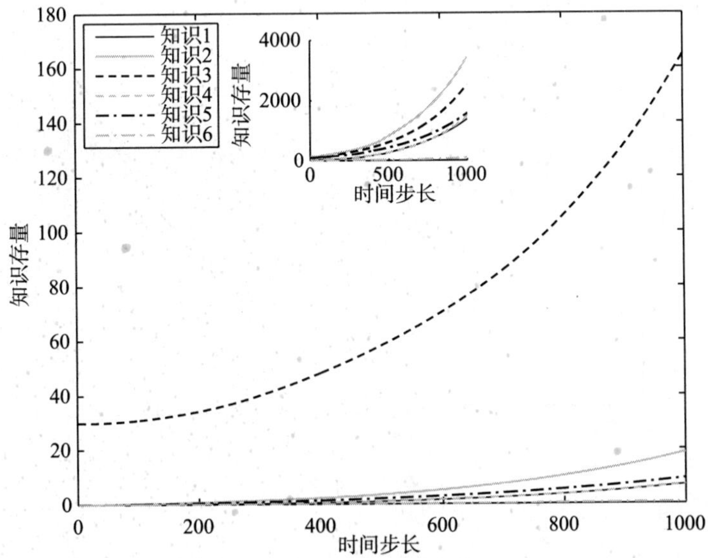

a 专家节点低吸收能力

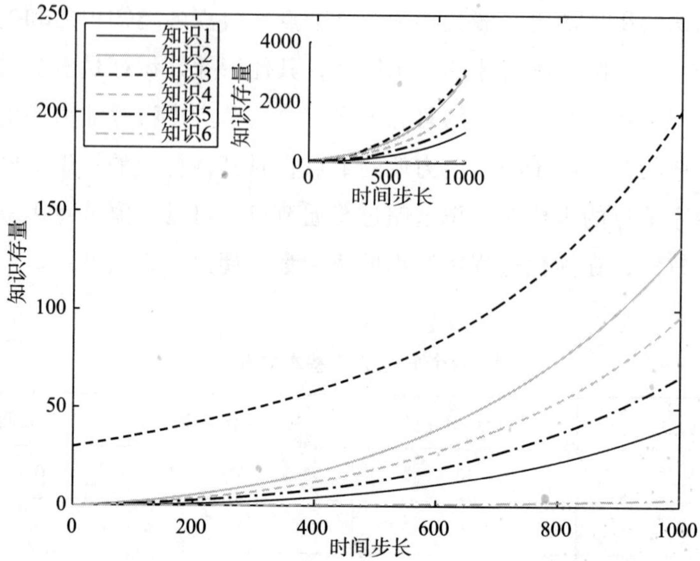

b 专家节点高吸收能力

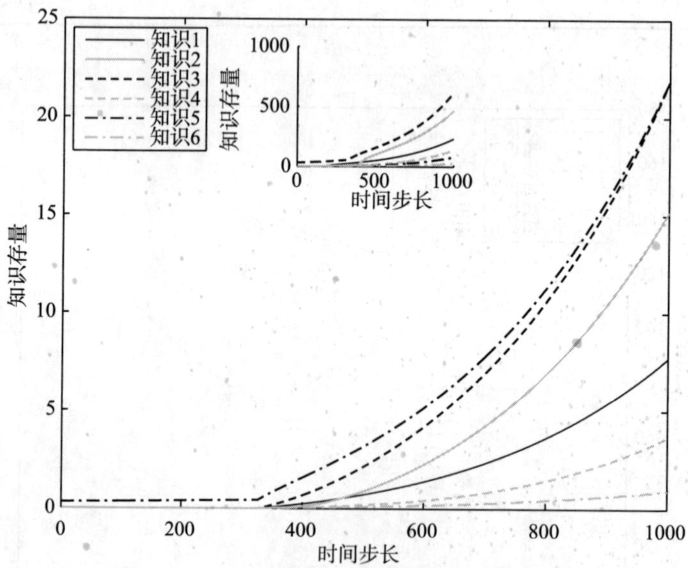

c 普通节点低吸收能力

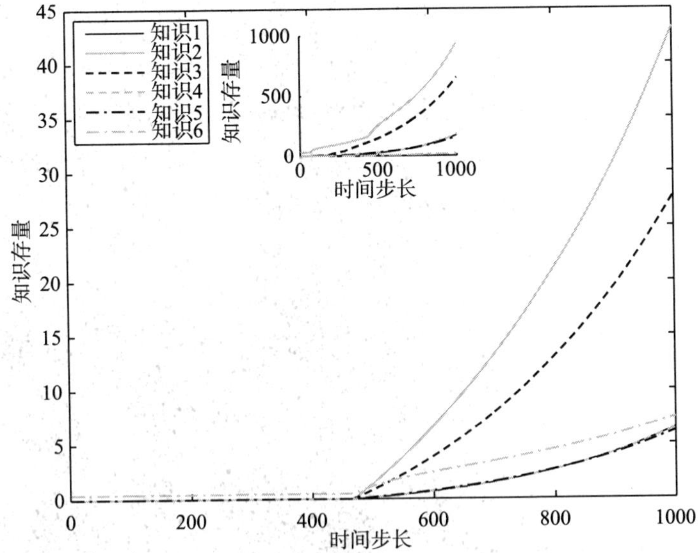

d 普通节点高吸收能力

图 4 –5　四个典型节点各类知识积累情况

图 4 –5d 中第 474 号节点在演化过程中其他行业的知识超过了本行业知识的存量。图 4 –6 为该节点与其邻接点不同时期各类知识变化情况，图中颜色的深浅代表知识存量的多少。节点在 $t=466$ 时刻加入网络，并与已存的 7 个节点建立连接，此时 474 号节点只拥有第 6 类知识（图 4 –6a）。通过与来自不同行业的主体协同创新，不同行业的知识互相渗透，在协同创新过程中，主体吸收了其他行业的知识，并且其他行业的知识量可能超过了本行业的知识量，即主体发生了行业的转变（图 4 –6b 与图 4 –6c）。为探究初始知识存量、吸收能力与邻接点主要知识类型对节点是否转变行业的影响，对所有节点最终的行业倾向进行统计，表 4 –2 为相同参数设置下进行 20 次仿真的结果求平均值。表 4 –2 中“转变行业”是指 T 个时间步长以后节点的各类知识中存量最多的类型与初始类型不一致；反之，则为保持“原始行业”。对每个节点的所有邻接点的各类知识求和，存量最多的知识类型作为该节点的邻接点的知识类型。由表 4 –2 可知，无论节点初始知识存量的高低，在演化过程中都更倾向于保持原始类型的知识存量最多，因为节点对本行业的知识的吸收能力更强。在保持原始知识类

型的节点中，吸收能力普遍偏低，且大多数与合作对象的主要行业类型不一致。在转变行业的节点中，节点平均吸收能力高于保持原始行业的节点，且大多数转变为其合作对象的主要行业类型。专家节点中转变行业的节点占1.2%，而普通节点中转变行业的节点占4.3%，可见初始知识存量多的节点转变行业的概率更小。

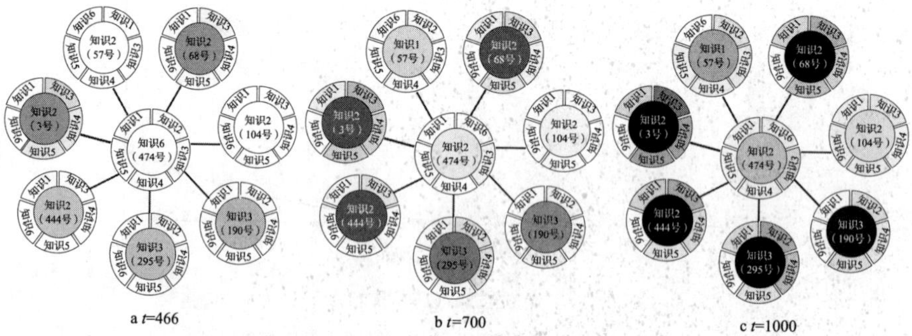

图4－6　不同时期474号节点与其邻接点各类知识变化情况

表4－2　　节点知识类型变更统计

节点类型	数量	最终行业	数量	节点平均吸收能力系数	邻接点知识类型	数量
专家节点	25	原始行业	24.7	0.010	相同	9.2
					不同	15.5
		转变行业	0.3	0.014	相同	0.3
					不同	0
普通节点	475	原始行业	456.6	0.010	相同	110.3
					不同	346.3
		转变行业	18.4	0.015	相同	16.7
					不同	1.7

表4－3为网络中各类知识的初始知识存量及初始拥有各类知识的节点吸收能力之和。由表4－3和图4－7a得知，各类知识的存量按大小顺序排序，最初知识存量与最终知识存量的排序基本一致。知识2初始知识存量仅次于知识存量最多的知识3，因知识2的原始节点吸收能力之和最

强，知识 2 的最终知识存量超过了知识 3（如图 4－7a 所示）。在网络形成初期，网络中行业的主导地位已经基本确定，若某行业内的主体吸收能力过强，可能会改变知识存量多少的排序。各类知识的增长速度均经历上升、减慢、稳定的过程。各类知识增长速度之间的差距经历由大变小，各增长速度从节点完全加入网络之后开始趋于一致。

表 4－3　各类知识初始存量与原始节点吸收能力之和的分布情况

知识类型	初始知识存量	原始节点吸收能力之和
知识 1	143. 73	0. 780
知识 2	222. 04	0. 996
知识 3	282. 04	0. 905
知识 4	189. 42	0. 960
知识 5	154. 34	0. 775
知识 6	44. 92	0. 994

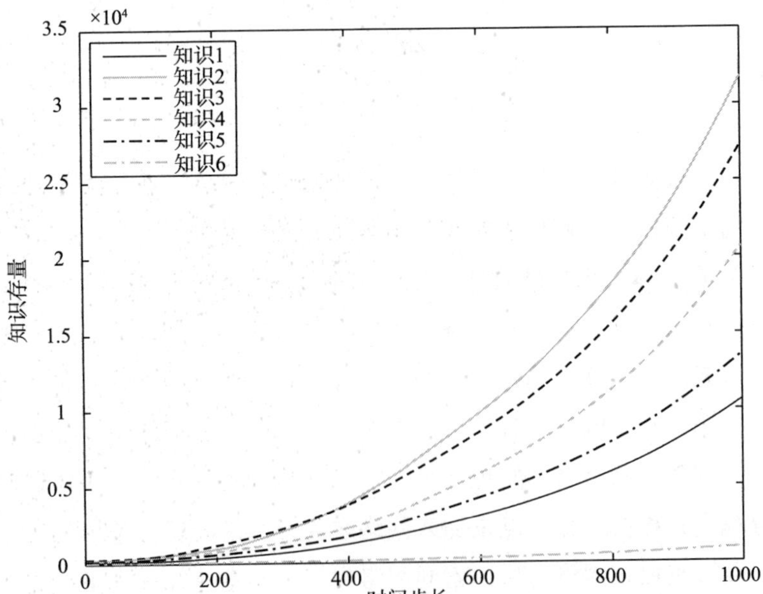

a 各类知识积累情况

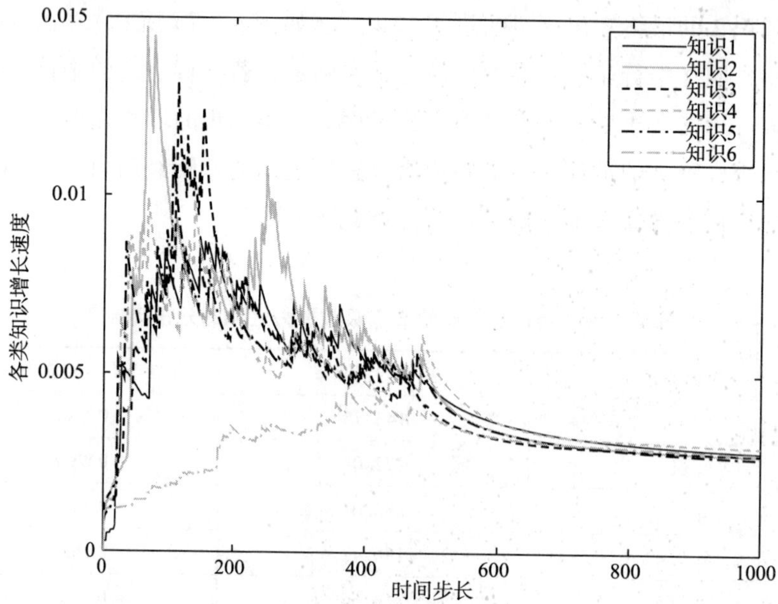

b 各类知识增长速度

图 4－7　协同创新网络各类知识扩散情况

4.5　结论与启示

本章通过对基于无标度网络模型的协同创新网络知识扩散进行计算机仿真，得出协同创新网络中知识扩散效率相关结论如下。

（1）在整体知识扩散效率方面，基于无标度网络模型的协同创新网络在演化初期，整体知识水平增长缓慢，之后逐步加快，到后期，整体知识水平接近于线性增长趋势。在演化过程中，主体之间平均知识水平的差距由大变小，知识资源分布均匀，意味着此时知识在组织之间的配置比较公平。协同创新网络整体知识水平与主体整体的吸收能力、主体之间连接的充分程度正相关。在节点未加入网络之前，网络规模与整体知识水平正相关，在节点加入网络之后，不同网络规模之间整体知识水平的差距逐渐缩小。

（2）在各类知识的扩散效率方面，就网络各类知识总和而言，各类知识的扩散效率均经历“加快、减缓、稳定趋于一致”的过程。各类知识的存量大小顺序在演化过程中基本不变，且各类知识存量之间的差距不断加大。就单个节点而言，加入网络之前知识类型单一，加入网络之后通过与其他行业的节点协同创新，吸收了其他类型的知识。除本行业知识以外，节点的其他知识的存量大小排序取决于其邻接点各类知识的总和。若节点的吸收能力强且初始知识存量小，那么在网络演化过程中其他知识的增长速度可能超过本行业知识，转变行业为其邻接点的主要行业的可能性较大。

以上结论对实践中的协同创新网络的管理启示包括以下方面：采用或构建合理的网络结构——基于无标度网络模型的协同创新网络结构，即先让知识存量高的一些规模较大的机构加入协同创新网络，再逐步让新的中小型机构进入网络，网络中的主体之间一旦建立合作关系就努力实现长期维持。尽管采用这种合作模式在合作初期知识增长可能会比较缓慢，但随着网络中主体的逐步增多，知识增长速度不断加快并趋于稳定，主体之间的知识水平差距将不断缩小，知识资源能够得到有效与均匀配置，各主体均能公平地享受知识增长给自身带来的利益。为了进一步提高知识扩散效率，可通过提升主体之间的合作水平来提高全部主体的知识吸收能力。从长远看，增大或缩小网络规模对整体知识水平影响不大。此外，若是仅仅提高中小规模机构的知识吸收能力，会因其原始知识储备不足，在协作过程中可能会将其所属行业更换为合作对象隶属的主导行业，产生知识优势领域的“迁移”和“突变”。相反，若创新组织在加入网络之前就不断提升自身的技术实力，已经拥有了较高的知识储备水平，那么，在加入网络之后它将更可能获得并保持在网络中的知识领先地位，其行业突变与迁移的可能性也较小。

本章借助 BA 无标度网络模型对协同创新网络的知识扩散过程进行模拟仿真研究，形成了一定有益结论，但仍存在诸多不足。首先，在主体选择合作对象方面，本章遵循无标度网络特性，设定选择已有较多合作对象的节点的可能性更大，而实践中，主体对合作对象的选取往往会考虑更多的因素，例如，双方价值观是否统一、对方管理水平高低、利益分配是否满意，等等。其次，本章设置每个主体的吸收能力和创新能力不变，而从实践发展来看，随着网络演化和创新组织自身的发展，其能力是会产生动态变化的。最后，本章中设定主体之间一旦建立合作关系就不再变化，而现实网络合作中，其合作关系可能会发生不断变更甚至破裂。基于此，在后续的研究中，将进一步考虑主体之间合作的更多不确定性因素和主观因素，从而使仿真结果形成更强的实践解释力，为协同创新网络的优化管理提出更具价值的建议。

第 5 章 网络结构对知识扩散效率的影响

在组织间合作领域，普遍认为知识网络是由共同解决技术问题、提供技术支持与开发的企业之间、企业与大学以及科研机构等组织之间合作形成的网络结构，它是一个转移与创新相关知识的网络[128]。从目前发展形势看，如何更科学地管理知识网络，何种网络结构更利于提高网络中的知识存量与知识流动效率是当前亟须解决的问题。在知识网络的知识扩散相关研究中，很少有研究考虑到知识主体知识类型的异质性。本章设计了基于复杂网络演化算法的知识网络知识扩散模型，充分考虑了知识主体的知识类型异质性，通过数值仿真探索不同网络结构中网络整体知识与不同种类知识的扩散效率的差别，以及采用何种结构下的知识网络发展模式在整体知识与各类知识扩散效率等若干方面表现更优等问题。本章针对组织间合作领域的知识网络，借助四种复杂网络演化算法，对不同网络结构下知识网络的知识扩散过程进行计算机仿真，研究知识网络中的知识扩散效率问题，从而进一步探讨总结知识网络的实践管理启示。

5.1 知识网络生成演化算法

5.1.1 知识网络描述

在知识网络中，知识主体之间存在创新合作关系。我们将这些创新主体与它们之间的合作关系视为一个网络，网络节点代表主体，网络中的边代表主体之间存在的合作关系。无向图 $G(S, T)$ 中存在 N 个节点，$S=\{1, 2, 3, \cdots, N\}$ 是节点的有限集，$T=\{ij, \mid i, j \in S\}$ 是所有节点的连线的集合。所有与节点 i 存在直接连接关系的节点集合记为 Γ_i，$\Gamma_i = \{j \mid ij \in T\}$，节点 i 的度 K_i 为集合 Γ_i 中元素的个数。令 $V_i(t)$ 代表节点 i 在 t 时刻的知识存量。在知识网络中，知识的增长主要来自两个方面：一是依靠主体内部的研发投入进行知识创造；二是通过网络内部存在合作关系的主体之间知识转移获得的知识增长。

5.1.2 网络演化生成算法

5.1.2.1 无标度网络

巴拉巴斯和艾伯特[126]构建了无标度网络的演化模型（BA 模型）。揭示了无标度网络的内在机理。模型的构成算法如下：（1）生长（growth）：从 m_0 个节点开始，在每一个时间步长，加入一个有 $m(<m_0)$ 条边的节点，这些边连接这个新节点到 m 个既有节点。（2）优先连接（preferential attachment）：当选择这个新节点与 m 个既有节点相连时，假设一个新节点与节点 i 相连的概率 $\prod_i$ 取决于 i 的度 k_i。若前 m_0 个节点完全连接，且每个时间步长均有节点加入网络，在 t 个时间步长以后，即产生了 $t+m_0$ 个节点和 $m_0(m_0-1)/2+mt$ 条边的无标度网络。

5.1.2.2 小世界网络

WS 小世界模型的算法如下：从具有 N 个节点的规则网络开始，每个节点与它的 K 个邻居节点相连。为保证在所有时刻网络稀疏且联通，满足 $N \geqslant K \geqslant \ln(N) \geqslant 1$。以概率 P 随机重连网络中的每条边，并排除自连接和重连[129]。

5.1.2.3 随机网络

在随机网络中，任意一对节点都以概率 P 产生连接，本章借助 WS 模型，将重连概率 P 设定为 1，其生成的网络无序性较强，形成随机网络[129]。

5.1.2.4 规则网络

在规则网络中，n 个节点依次排列于一维环形网格中，每个节点与其

左右邻近的 K 个节点存在连边，即每个节点具有相同的度 $2K$。在本章同样利用 WS 模型，设定重连概率 $P=0$，其生成的网络为规则网络[129]。

5.2 知识网络中知识扩散模型

在知识网络中，知识主体异质性，主要表现在知识水平、知识吸收与创新能力和知识类型等方面的差异[130]。因此本章的知识扩散模型采用第三章中 3.4 节提出的基于知识主体异质性的知识扩散模型作为知识网络的知识扩散模型。

5.3 研究设计

本章在 MatlabR2013b 上进行仿真实验，对基于四种网络模型的知识网络的整体知识扩散效率、各类知识扩散效率两个方面进行了研究，研究设计如下。

网络中的节点数 $N=500$，时间步长 $T=1000$，知识类型总量 $C=8$。每个节点初始拥有一种知识，节点 i 的初始知识类型 $ic(i)$ 为服从 $[1, C]$ 上均匀分布的随机数。使扩散效果更易于观察，设置 25 个专家节点，初始知识存量明显高于其他节点。25 个专家节点，初始知识存量为 30，其余节点为普通节点，初始知识存量为（0，1）之间均匀分布的随机数。根据实践现象，假定知识网络中的主体相对于自主创新更倾向于合作，自主创新艰难又漫长而知识的扩散相对较快，因此吸收能力的设定大于创新能力，这样设定也利于本章观察不同网络结构对知识扩散效率的影响。设定创新能力上限 $\bar{\beta}=0.003$，吸收能力下限 0.001，全局常量 $r=0.02$，各节点的能力系数的设置如图 5－1 所示。设吸收偏好削弱系数 $w=0.01$，知识上限 $ub=200$，衰减系数 $df=0.0005$。

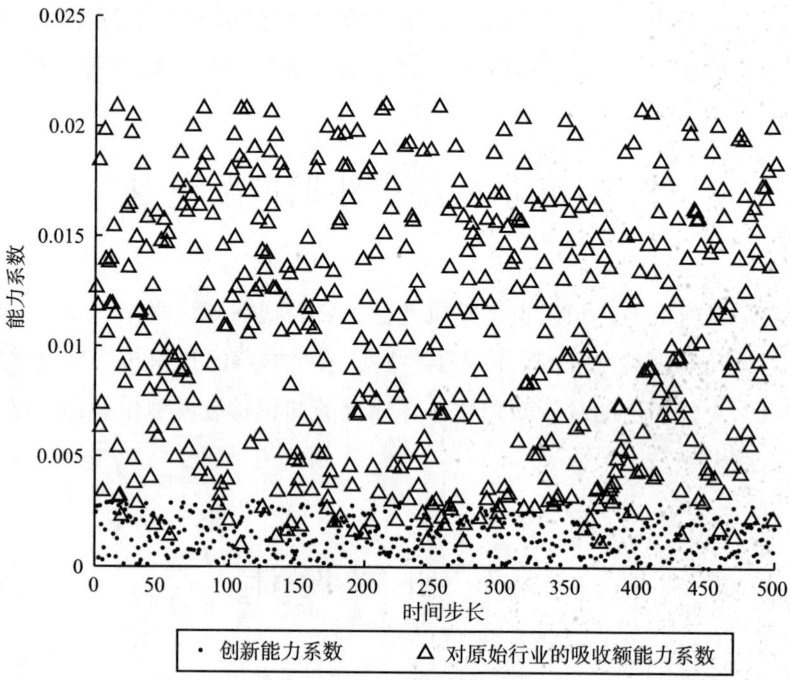

图 5-1 能力系数设置

小世界网络、规则网络和随机网络的生成均利用 WS 模型，根据重连概率 P 值的不同以生成三种不同的网络结构。这三种网络在每个时间步长节点均以概率 P 重连一次。设定三种网络中 $K=5$，$P\_ws=0.05$，$P\_regular=0$，$P\_random=1$。无标度网络中初始节点数 $m_0=7$ 且完全连接，每个时间步长加入一个新节点与 $m=7$ 个既有节点相连。图 4-2 为四种网络中各个时刻的网络平均度 $K(t)$ 的演化情况，在排除自连接和重连接的情况下，小世界网络、规则网络和随机网络在演化过程中网络中的边数不变，因此网络平均度不发生变化，维持在 $2K$。无标度网络初始为 m_0 个节点，每个时间步长一个新节点进入网络，并引入 m 条边，因此在 N 个节点完全加入网络之前网络平均度呈线性递增趋势，在节点完全加入网络之后，网络结构不再发生变化。

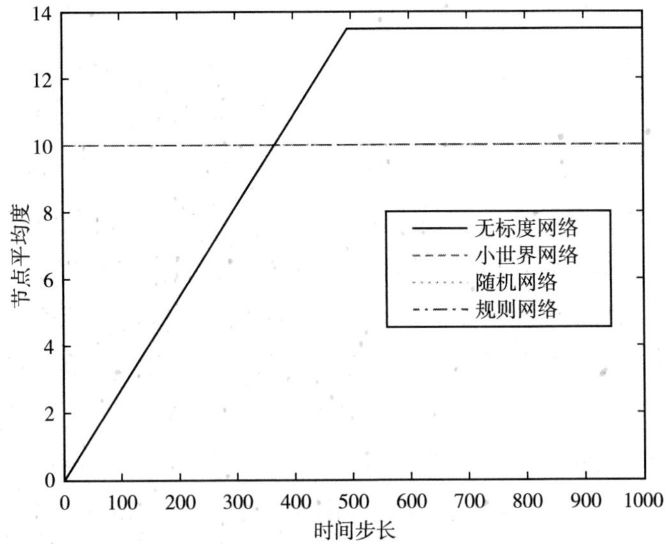

图 5－2　网络平均度演化情况

网络演化前后的全局网络平均度 *gmeandegree* 定义为：

$$gmeandegree = \frac{\sum_{t=1}^{T} K(t)}{T} \tag{5-1}$$

其中 $K(t)$ 代表 t 时刻网络的平均度，T 代表网络演化的时间步长。为观察不同网络结构对知识扩散效率的影响，排除网络平均度的干扰，因无标度网络的平均度在不同时间步长可能会发生变化，尽量保证各网络的 *gmeandegree* 一致。以上的网络参数设置能保证四种网络的全局网络平均度 *gmeandegree* 约为 10。

5.4　仿真结果与分析

5.4.1　四种结构的知识网络中整体知识扩散情况

图 5－3a、图 5－3b 和图 5－3c 分别为四种结构的知识网络整体知识水

平、整体知识增长速度和知识水平分布的均匀性等整体知识扩散情况的仿真结果。由仿真结果可知，在整个演化过程中 $\bar{V}(random) > \bar{V}(small\ world) > \bar{V}(scale-free) > \bar{V}(regular)$，其中随机网络和小世界网络每个时间步长其节点按不同的概率随机重连，整个演化过程中保持着相似的演化规律。

随机网络在每个时间步长所有的节点均会与原来的合作对象断开连接，重新寻找新的合作对象，因此在演化初期，存在显著知识势差的节点（专家节点与普通节点）之间进行连接的概率会更大，节点在吸收能力不变的情况下，若能找到知识水平远超于自己的合作对象，节点自身的知识增长速度会更快，节点之间知识水平的差距迅速减小（图 5－3c），网络整体知识增长速度也更快（图 5－3b）。在演化初期，随机网络的整体知识水平也明显高于其他三种网络结构（图 5－3a）。但随着时间的推移，由于随机网络中知识扩散迅速，知识水平分布的均匀性逐渐稳定（图 5－3c），整体知识增长速度在经历了短暂的迅速上升后又迅速下降，并稳定在较低的水平且低于小世界网络和无标度网络（图 5－3b）。随机网络中的整体知识水平到后期与小世界网络的差距也越来越小。

小世界网络中的在每个时间步长有少数节点与原来的合作对象断开连接，寻找新的合作对象，即相互合作的节点之间的知识达到了较为充分的转移之后，再重连。采用小世界网络结构，在初期从规则网络开始，每个时间步长有少数节点与近邻的节点断开连接与远端的节点相连，专家节点与普通节点合作的机会不如随机网络多，因此在演化初期，小世界网络的整体知识增长速度的加快（图 5－3b）和整体知识水平的标准差系数的减小（图 5－3c）均慢于随机网络，整体知识水平与随机网络之间的差距也相对较大（图 5－3a）。但随着网络的演化，越来越多的节点与远端的节点相连，小世界网络节点平均最短路径长度较短、网络聚集系数大的特征更为明显，更有利于知识在网络中的传输，而随机网络的网络聚集系数较小，因此到中后期，小世界网络的整体知识增长速度的稳定值高于随机网络（图 5－3b），知识水平分布在四种网络中最为均匀（图 5－3c），整体知识水平与随机网络之间的差距也越来越小。

无标度网络在演化初期存在大量孤立节点，节点知识水平的增长主要依靠自我创新且知识类型单一，因此初期整体知识增长速度（图 5 - 3b）和知识水平分布的均匀性（图 5 - 3c）均不如随机网络和小世界网络。初期，少数节点之间存在合作关系，网络平均度低（图 4 - 2），整体知识水平增长缓慢（图 5 - 3a）。随着节点逐渐与网络中的既有节点建立连接，且倾向于与度大的节点建立合作关系，网络中出现了少数度很大的中心节点和多数度很小的普通节点，诠释了“穷者愈穷，富者愈富”的马太效应，知识水平分布的均匀性不如小世界网络和随机网络（图 5 - 3c）。但此种网络结构中，中心节点的知识能迅速传播到整个网络，因此中后期的整体知识增长速度维持在较高水平（图 5 - 3b），且整体知识水平曲线的斜率增大（图 5 - 3a）。

规则网络中，节点仅与相邻的 K 个节点建立连接且网络结构在演化过程中保持不变。专家节点与普通节点合作的机会较少，节点之间的知识传输不够充分，网络中整体知识水平的提高主要依靠自我创新，因此整体知识增长速度逐渐降低并稳定在低水平（图 5 - 3b），整体知识水平处于四种网络中的最低水平（图 5 - 3a）。专家节点的知识不能充分被普通节点所吸收，知识水平分布极不均匀（图 5 - 3c）。

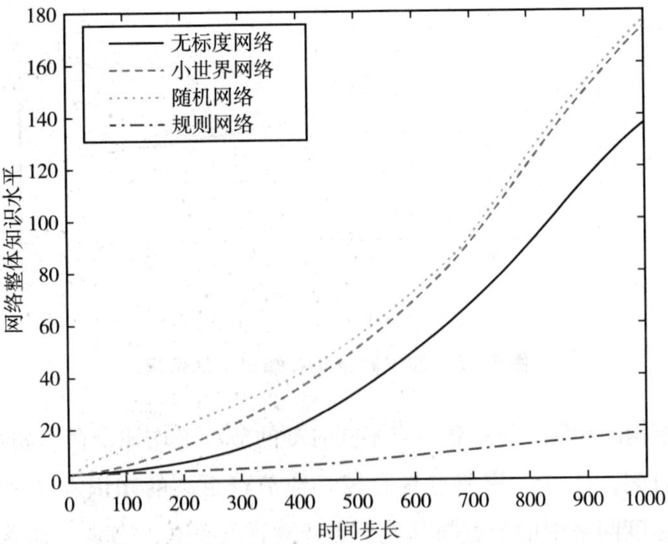

a 四种网络整体知识水平演化情况

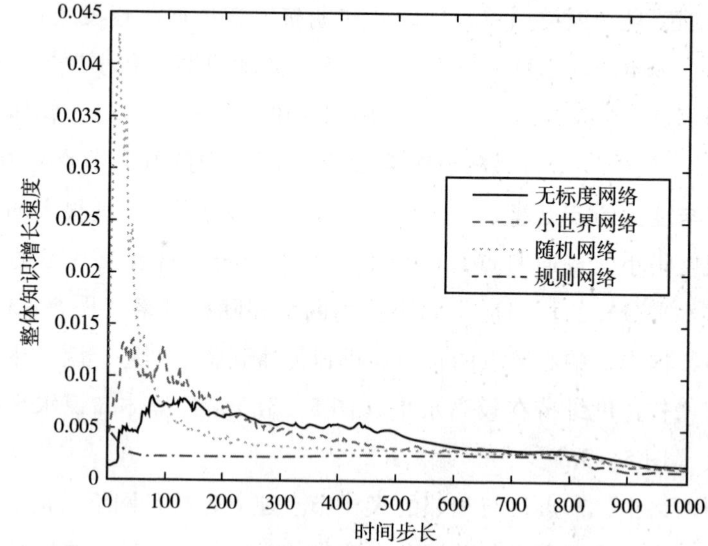

b 四种网络整体知识增长速度演化情况

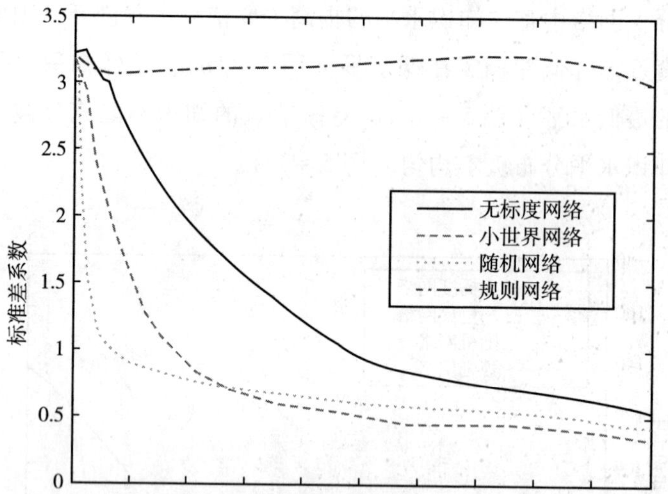

c 网络主体知识水平分布的均匀性

图 5－3 知识网络整体知识扩散情况

四种结构的知识网络中各节点不同时刻的节点平均知识存量如图 5－4 所示。$t=1$ 时刻，25 个专家节点具有较其他节点更高的知识水平。在 $t=400$ 时刻，无标度网络中的节点与其他节点建立连接不久的节点和孤立节点的知识水平明显低于其他节点。可见知识主体之间建立合作关系比起自主创新

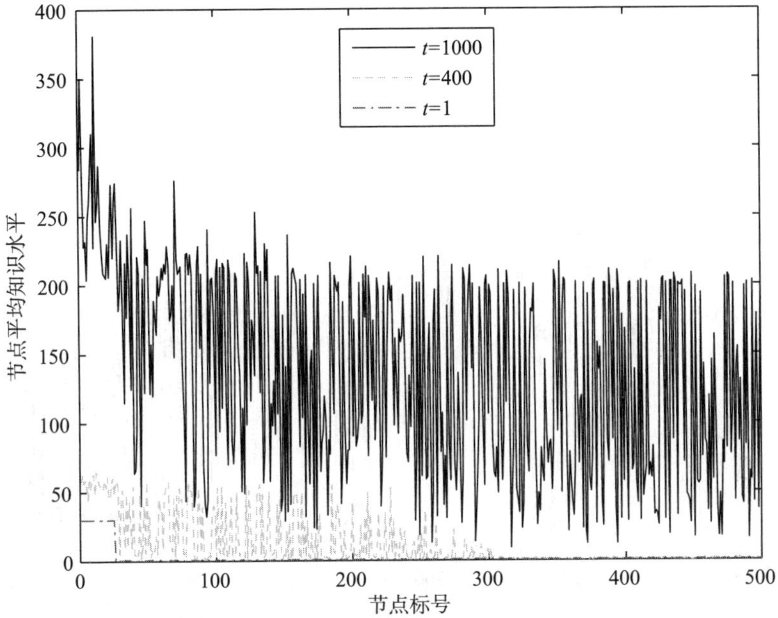

a 无标度网络

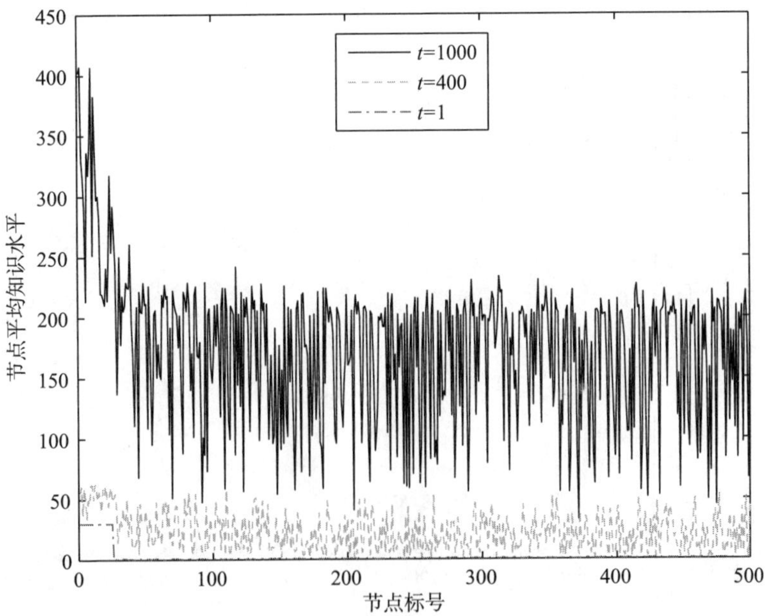

b 小世界网络

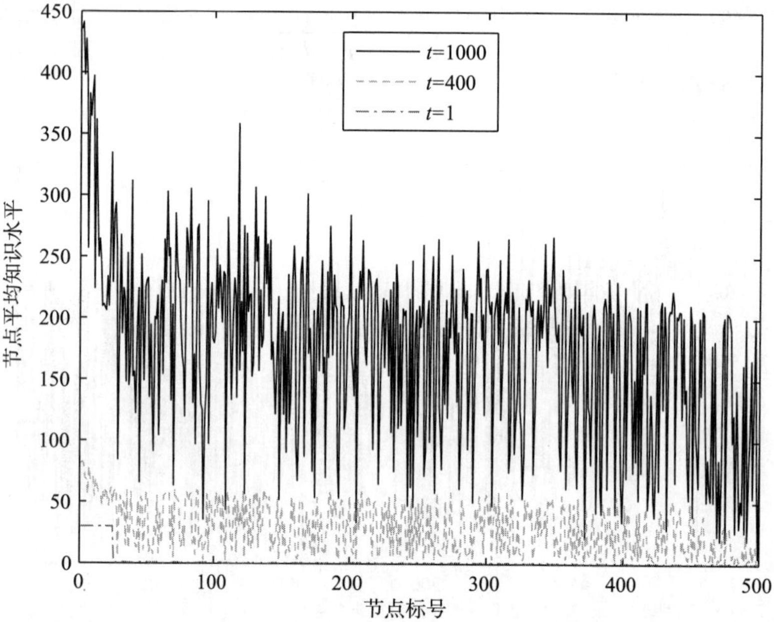

c 随机网络

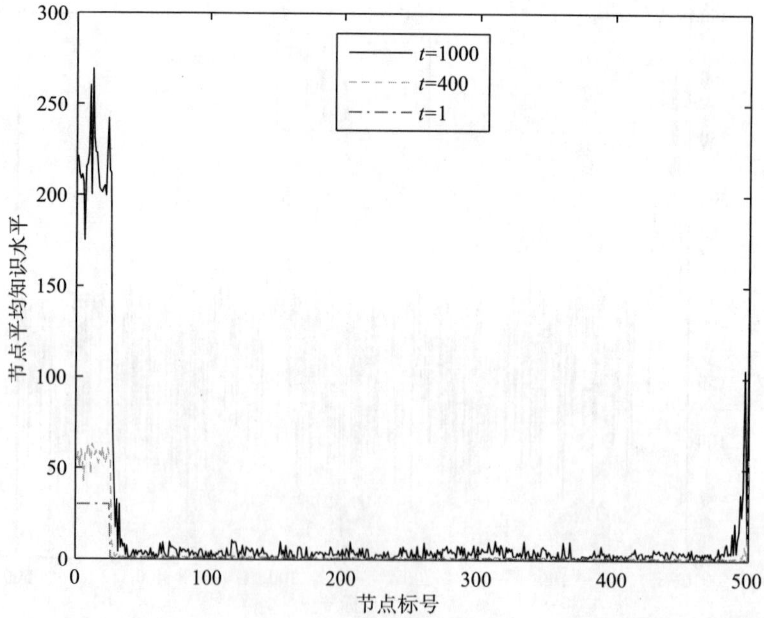

d 规则网络

图 5－4　不同时期四种网络中网络主体知识水平演化情况

能迅速获取更多的知识。在规则网络中，专家节点和普通节点的知识水平差距不断加大。从单个网络进行观察，在 $t=400$ 时刻知识水平低的节点与 $t=1000$ 时刻知识水平低的节点保持一致。从不同网络进行观察，几种网络中知识存量落后的节点基本保持一致，说明节点的知识存量与节点自身的吸收能力密切相关。此外，在演化过程中，四种网络中专家节点知识水平普遍高于普通节点。

5.4.2 四种结构的知识网络中各类知识扩散情况

8 类知识在不同结构的知识网络中的积累情况如图 5－5 所示。在演化过程中，四种网络中不同种类的知识的积累量之间的差距越来越大。其中小世界网络中的不同类型的知识之间的差距最均匀，且演化初期的优势行业在演化过程中继续保持。随机网络和无标度网络中的不同知识类型之间知识水平差距较大。小世界网络中节点之间知识水平分布的均匀性也是最佳的，可见节点之间知识差距大的网络结构中，不同行业的知识存量之间的差距也大。

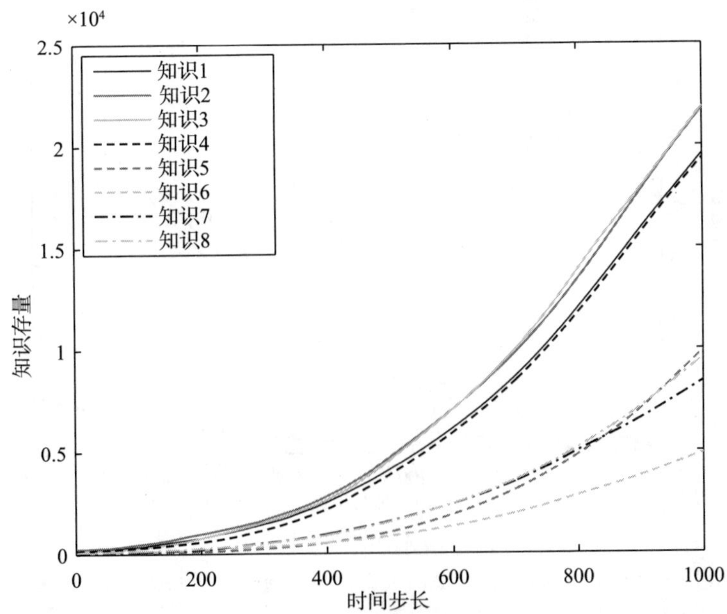

a 无标度网络

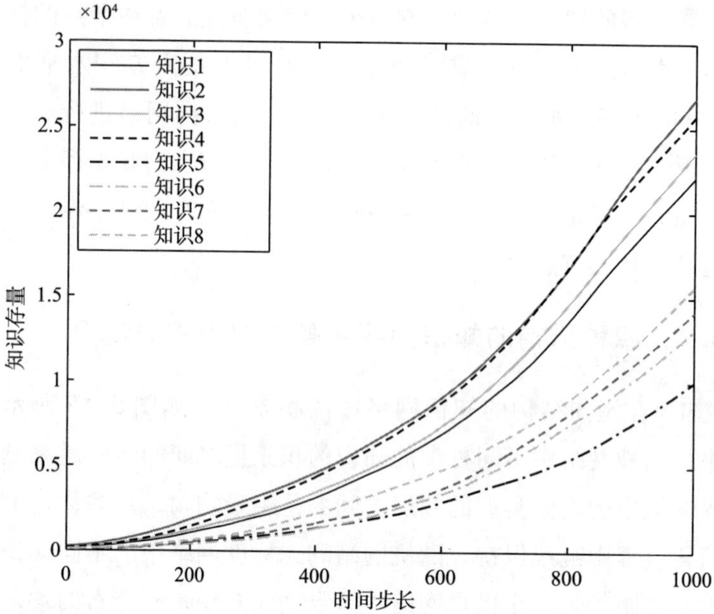

b 小世界网络

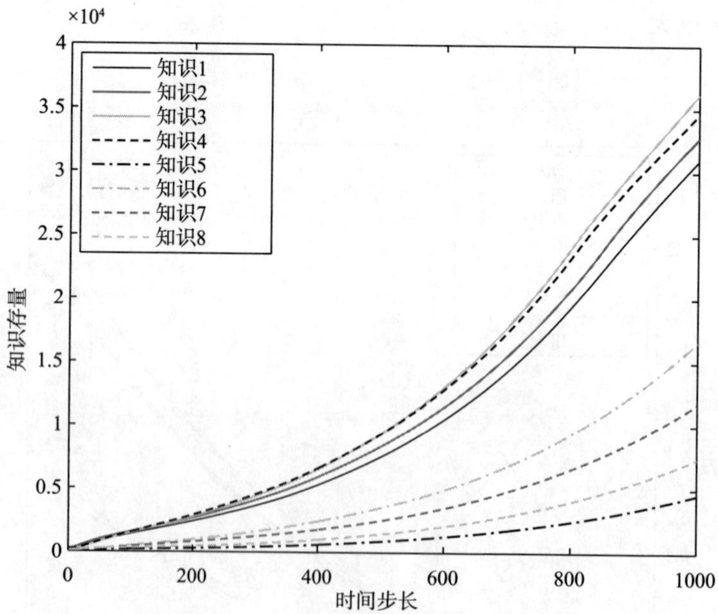

c 随机网络

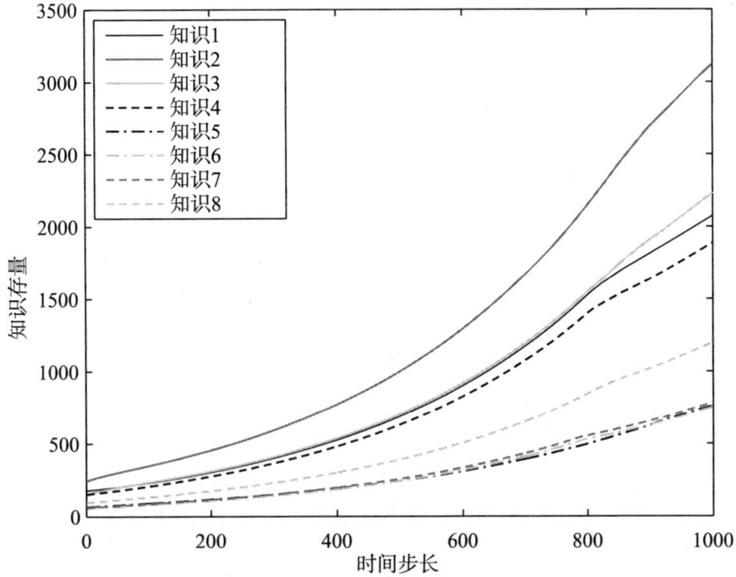

d 规则网络

图 5－5 四种网络中各类知识积累情况

从图 5－6 观察到各类知识的增长速度，在前期，四种网络各种知识的增长速度较快，且知识之间的增长速度存在差异。在经历一段时间演化

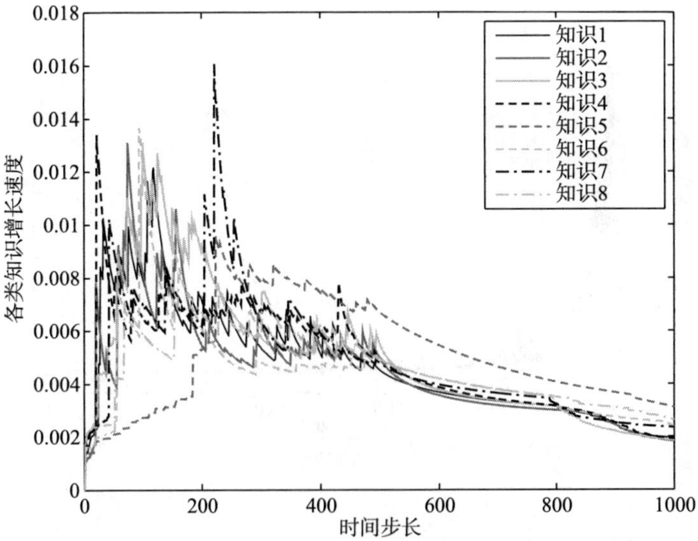

a 无标度网络

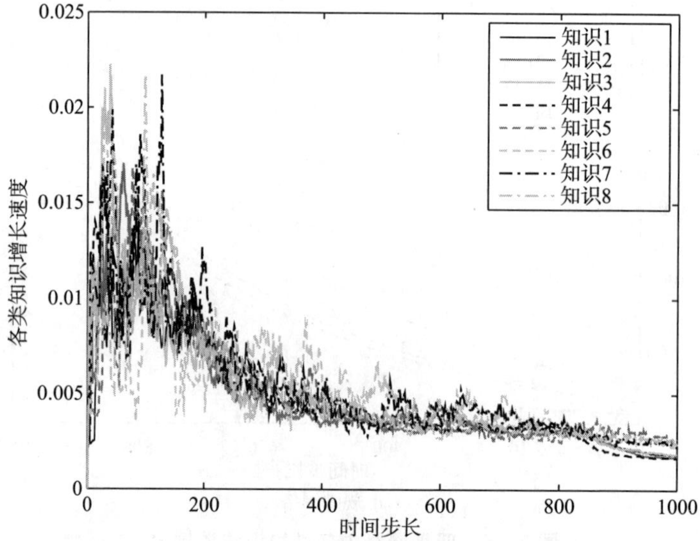

b 小世界网络

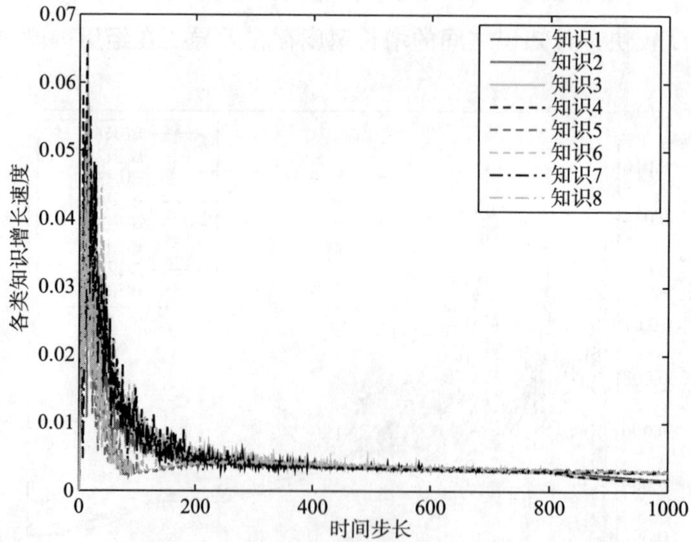

c 随机网络

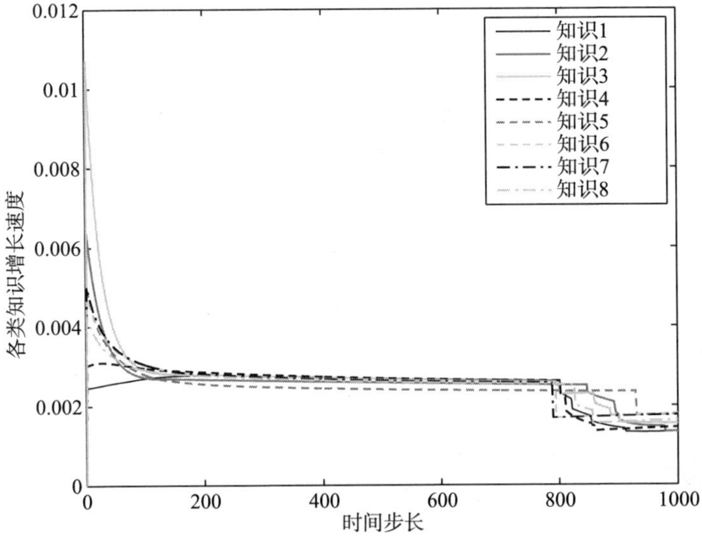

d 规则网络

图 5－6 四种网络中各类知识增长速度演化情况

之后，规则网络和随机网络中各类知识在较短的时间内拟合为一致。无标度网络到节点全部加入网络之后各类知识的增长速度趋于接近。而小世界网络中各类知识的增长速度在整个演化过程中波动最明显。到后期，因部分节点的某类知识达到知识上限，四种网络中的各类知识增长速度均呈现出陡然下降的情况。

5.5 结论与启示

本章结合知识网络相关理论，基于四种复杂网络模型，构建了知识网络扩散的理论模型，经过数值仿真，得出以下结论。

在整体知识扩散方面，知识网络演化过程中，四种结构的知识网络整体知识水平均不断上升。其中随机网络的整体知识水平高于其余三种网络结构，后期小世界网络与随机网络之间的差距不明显。无标度网络、小世界网络和随机网络的整体知识增长速度均经历“上升—下降—稳定”的过程，规则网络中的整体知识增长速度在网络演化前后变化不大。在网络知识分布的均匀性方面，无标度网络、小世界网络、随机网络中节点平均知识水平之间的差距在前期迅速减小，并稳定在较小值，其中小世界网络中的知识资源分布最为均匀。规则网络中知识资源分布的均匀性最差。此外，从单个节点的平均知识水平的演化情况来看，无论网络结构如何，不同网络中不同时间步长下知识存量低的节点保持一致，且专家节点在演化过程中普遍保持着较高的知识水平。可见主体知识吸收能力的强弱和前期自身知识储备的多少对主体在知识网络中的长远发展起着重要作用。

在各类知识扩散方面，四种网络中的不同种类的知识之间知识存量的差距越来越大，其中小世界网络各行业之间的差距最均匀。四种网络中各类知识的增长速度之间的差距由大变小。

通过对四种网络整体知识和各类知识扩散效率的比较分析得出，从长远考虑，采用小世界网络的知识网络；即网络主体在初期仅与相邻的主体建立合作关系，随着知识网络的演化，逐渐以较低的概率与现有合作对象终止合作并与远端的主体建立合作关系；虽在前中期整体知识水平略低于随机网络，但到后期凭借其网络中主体之间的平均距离短、主体的集聚效应强等优势，整体知识水平会接近于随机网络。此种网络结构中知识资源分布最为公平，各知识主体均能公平地享受知识的增长为自身发展带来的好处。随机网络虽在整体知识水平上占优势，但主体之间的合作关系过于脆弱，每隔一段时间所有主体都会重新寻找新的合作对象，网络结构过于紊乱，不利于实践中的知识网络管理。对于知识网络中不同行业的知识而言，采用小世界网络结构的知识网络中不同行业知识积累量之间的差距分布最为均匀，且优势行业在初期已经确定。小世界网络结构的知识网络以优势行业为主导，各个行业能均衡地发展。此外，组织自身对知识的吸收能力、知识储备等因素也将显著影响其加入网络之后的发展情况。

本章借助复杂网络演化算法，考虑了知识网络中知识类型的异质性，对组织间合作领域知识网络的知识扩散过程进行了数值仿真研究，形成了一定有益的结论，但仍然存在诸多不足之处。比如，本章中设定每个知识主体的吸收能力和创新能力不变，而从实践发展来看，随着网络的演化和知识主体自身的发展，其能力可能会发生动态变化。此外，在研究各类知识扩散效率方面，可进一步探讨网络结构对单个主体的各类知识积累情况的影响。基于此，在后续的研究中，将进一步考虑在知识网络演化过程中，单个主体的更多不确定性因素和主观因素，从而使仿真结果形成更强的实践解释力，为知识网络的优化管理提出更具价值的建议。

第 6 章 知识扩散源选择研究

学者们对知识网络中知识扩散的研究大多集中于整体网络背景，而提升研究方向相近且合作关系密切的创新集群的知识扩散效率，将更有利于促进企业的知识吸收和创新，从而进一步促进创新成果的产出。本章将知识网络中的创新集群作为研究对象，从集群中选择合适的知识扩散源，使得知识在集群内部实现扩散，以最大限度提升知识扩散效率，从而提升创新成果的传播和影响力。

6.1 知识网络知识扩散源选择与知识扩散模型

6.1.1 知识网络描述

知识网络描述了组织之间的复杂合作关系，其中，网络节点代表组织，网络中的边代表组织之间存在的合作关系。用无向图 $G(S,\ T)$ 描述企业之间的合作，$G(S,\ T)$ 中存在 N 个节点，$S=\{1,\ 2,\ 3,\ \cdots,\ N\}$ 是节点的有限集，$T=\{ij,|i,\ j\in S\}$ 是所有节点的连线的集合。所有与节点 i 存在直接连接关系的节点集合记为 Γ_i，$\Gamma_i=\{j\,|\,ij\in T\}$，节点 i 的度 K_i 为集合 Γ_i 中元素的个数。令 $V_i(t)$ 代表节点 i 在 t 时刻的知识存量，节点 i 所在的社团中节点的集合记为 C_i。

6.1.2 社团检测

在知识网络中，一些网络主体之间的连接比其他连接紧密，这些连接更密集的知识主体组成聚类，成为创新集群。运用社团检测方法可以在整个知识网络中提取出多个创新集群。经典的社团检测算法包括随机游走算法（walk trap）[131]、主特征向量算法（leading eigenvector）[132]、多层社团算法（multilevel community）[133]、标签传播算法（label propagation）[134]等。

6.1.3 知识扩散源选择方法

目前，一些传统的网络中心性度量方法已被广泛应用于评估网络主体在合作网络中的重要性[135]。通过在每个社团内部选择一个知识扩散源节点，知识实现了在每个社团内部的扩散。本章将以下指标值，即合作对象吸收能力（式（6－1））、接近中心性（式（2－26））、介数中心性（式（2－28））、特征向量中心性（式（2－34））和度中心性（式（2－24）），最大的节点作为选择对象，探讨以知识扩散源节点作为知识扩散出发点的创新集群网络的知识扩散效率差异。

除了几种现有的网络中心性特征以外，吸收能力的强弱也影响知识扩散的效果。因此本章提出将节点合作者的吸收能力（collaborators' absorptive ability）作为是否选其作为知识扩散源的依据。与度中心性一样，该方法只考虑了网络中一步的局部信息，则节点 i 的合作对象的吸收能力之和 CAA_i 定义为：

$$CAA_i = \sum_{j \in \Gamma_i} a_j \tag{6-1}$$

其中 a_j 为节点 j 的吸收能力。

6.1.4 知识扩散模型

本章的知识扩散从创新集群内部的知识扩散源开始，将知识转移到集群内的邻接点，进而扩散到整个集群，因此知识扩散模型和知识扩散效率度量采用第3章3.5节中提出的社团内部知识扩散模型。

6.2 不同社团检测算法在复杂网络中的社团检测结果

利用R软件分别生成节点数相同的随机网络、规则网络、小世界网络和无标度网络。利用 R 语言的 igraph 程序包中的 walktrap. community（）函数作随机游走社团检测，leading. eigenvector. community（）函数作主特征向量社团检测，multilevel. community（）函数作多层社团检测，以及利用 label. propagation. community（）函数作标签传播社团检测。

不同的社团检测算法针对同一网络的社团检测结果各不相同，如图 6－1、图 6－2、图 6－3、图 6－4 所示。图中小圆圈为节点，圈中数字为节点号，大圈为社团，划分到同一社团中的节点被圈到同一大圈之中，由图可见，社团内部的节点间的连接多于来自不同社团的节点之间的连接。

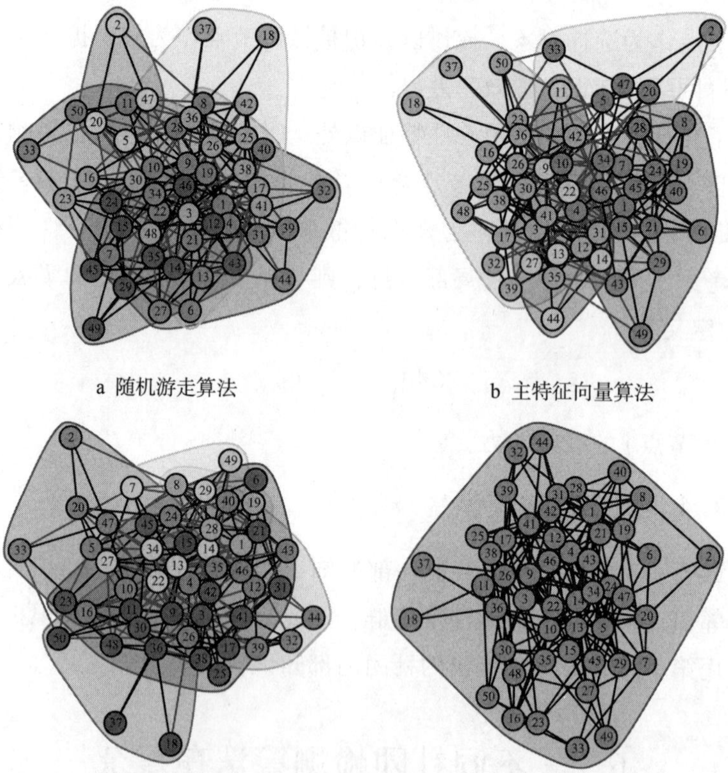

a 随机游走算法　　b 主特征向量算法

c 多层社团算法　　d 标签传播算法

图 6－1　随机网络社团检测结果

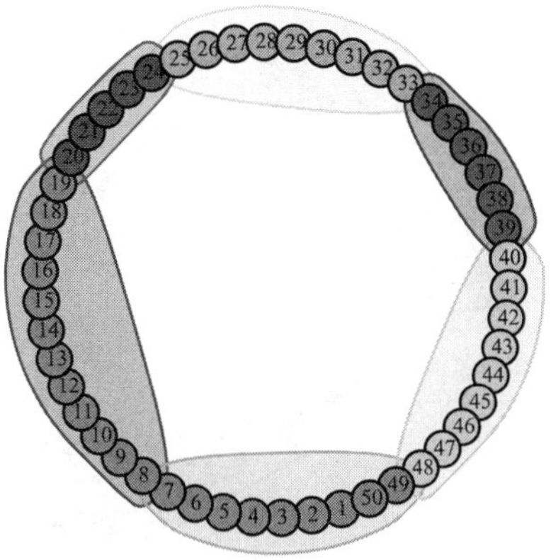

a 随机游走算法

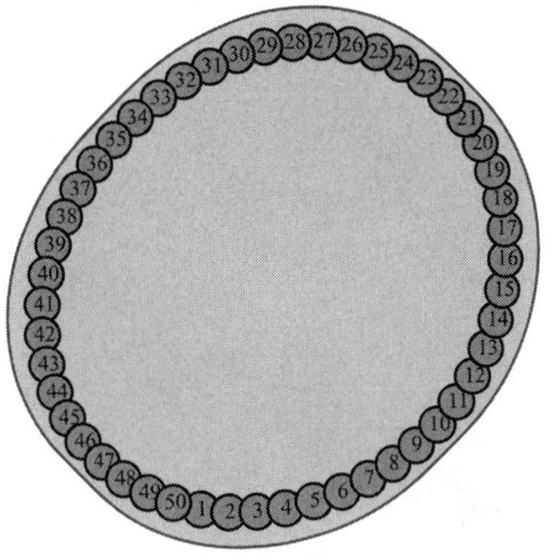

b 主特征向量算法

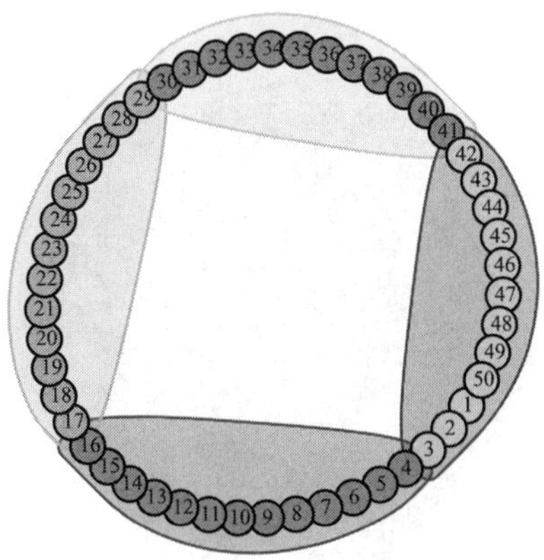

c 多层社团算法

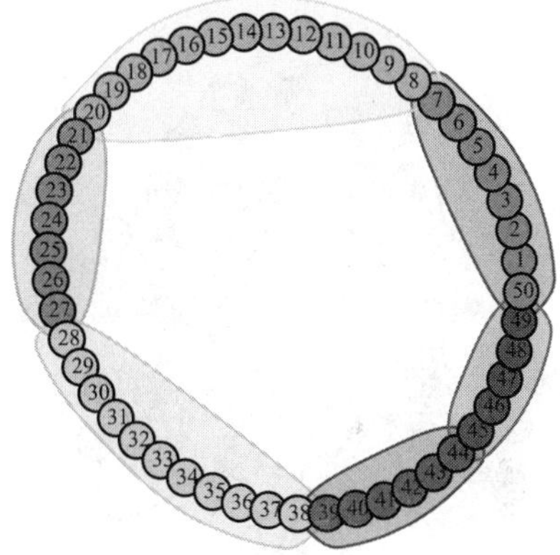

d 标签传播算法

图 6－2　规则网络社团检测结果

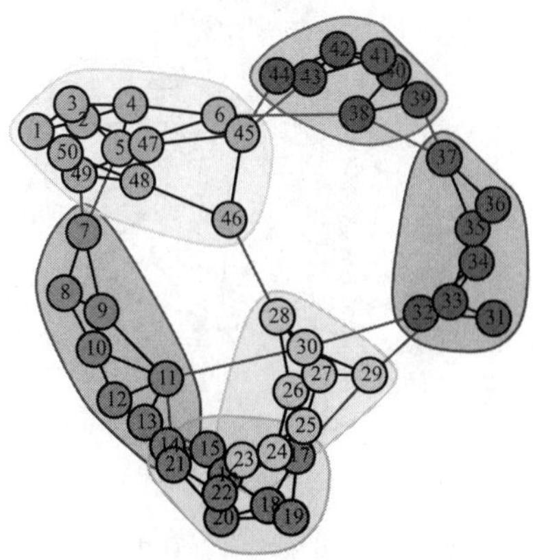

a 随机游走算法

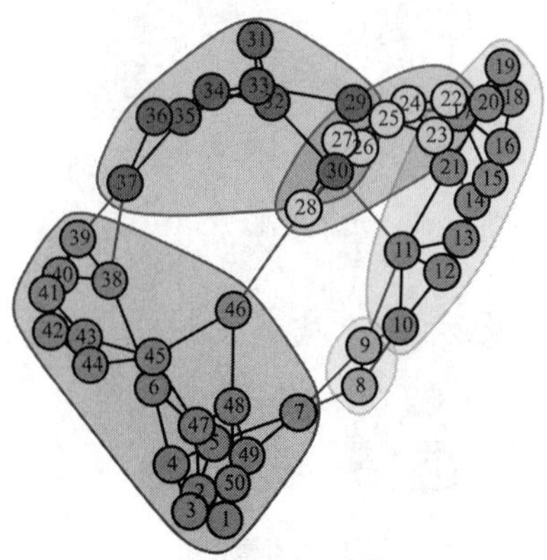

b 主特征向量算法

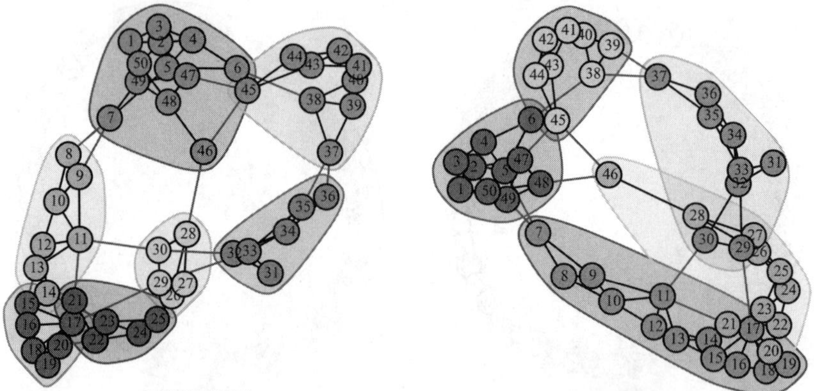

c 多层社团算法　　d 标签传播算法

图 6－3　小世界网络社团检测结果

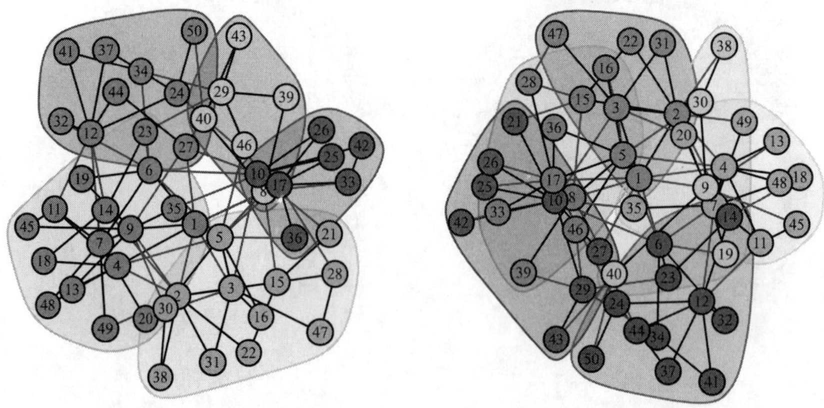

a 随机游走算法　　b 主特征向量算法

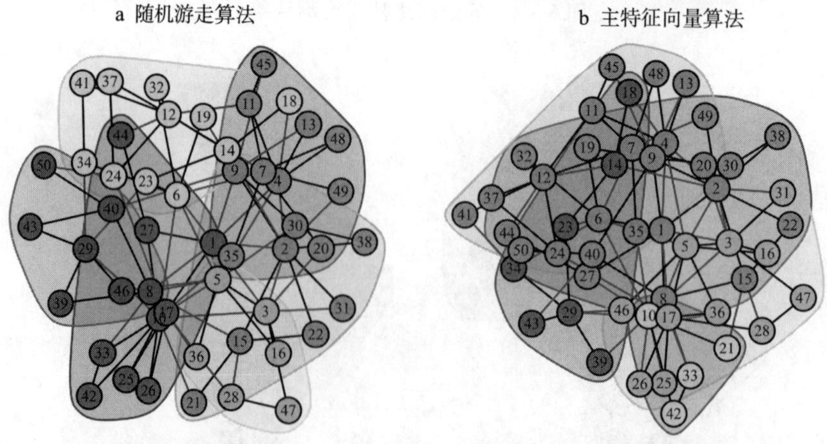

c 多层社团算法　　d 标签传播算法

图 6－4　无标度网络社团检测结果

6.3 随机网络中的知识扩散源选择

若知识网络的网络结构为随机网络，运用 R 语言生成随机网络，继而检测出创新集群，从创新集群中筛选出知识扩散源，最后从知识扩散源节点处开始知识扩散，观察网络的密度对知识扩散源选择方法的影响。设置时间步长 $t=100$，节点吸收能力 a 为 0.02～0.1 之间的随机数。运用 R 软件进行仿真实验，运用 R 语言 igraph 程序包的 erdos. renyi. game（）函数生成随机网络，为了生成 400 个节点与 50、100、200、400、800 条边的随机网络，分别设置函数参数 $n=400$，p. or m. ＝50、100、200、400 或 800。庞斯和拉塔皮（Pons and Latapy）曾于 2005 年提出了一个基于随机游走的网络社团划分算法 WalkTrap[131]。本章在对随机网络、规则网络、小世界网络和无标度网络的知识扩散源选择仿真实验中选用了这一效率较高的 WalkTrap 随机游走算法。

6.3.1 随机网络社团检测结果

运用随机游走社团检测算法分别从 5 个随机网络中检测出创新集群，检测出的集群数如表 6－1 所示。在网络中，各种中心性特征最大的节点可能为同一节点，因此，5 种知识扩散源选择方法在某些集群中选择到的知识扩散源节点可能完全一致，为区分 5 种知识扩散源选择方法在知识扩散效率上的差别，选择运用 5 种方法获取的知识扩散源节点不完全相同的社群进行知识扩散仿真，各网络选择的集群数量如表 6－1 所示。由表 6－1 中统计结果可见，随机网络边数越多，即网络的密度越大，检测到的社群数越少，可见网络中节点间的关系越紧密，越容易形成较大规模的社团。与此同时，随机网络中的社群规模越小，几种知识扩散源选择方法越容易得到相同的知识扩散源节点；相反，社群规模越大，几种知识扩散源选择方法越容易选择到不同的知识源节点。一条边与两个节点相连，因此多一条边能使网络中两个节点的度各增加 1，因此节点平均度的计算为网络边数的两倍除以节点数。社团平均规模则用节点数 400 除以检测出的社团数量。

表 6－1　　不同边数的随机网络检测社群数与选择社群数

边数	社团数	选择社团数	节点平均度	社团平均规模
50	350	24	0.25	1.1
100	300	28	0.5	1.3
200	202	44	1	1.9
400	112	48	2	3.5
800	48	34	4	8.3

400 个节点 50 条边的随机网络的网络图和社团检测结果如图 6－5 所示。从图 6－5a 可知 400 个节点 50 条边的随机网络十分稀疏，大多数节点为孤立节点，因此在社团检测中这部分孤立节点被识别为单节点的社团，社团检测结果如图 6－5 所示。400 个节点 100 条边的随机网络的网络图和社团检测结果如图 6－6 所示。网络图前一个网络稠密（图 6－6a），社团规模无明显增大（图 6－6b）。在 400 个节点 200 条边的随机网络中，网络中的边更多，平均每个节点有一条边（图 6－7a），仍然存在大量的单节点社团（图 6－7b）。当 400 个节点的随机网络中的边增加到 400 时，

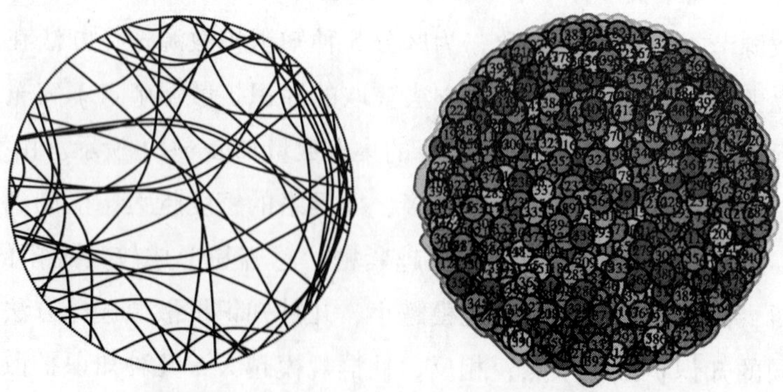

a 网络图　　b 社团检测结果

图 6－5　400 个节点 50 条边的随机网络

平均每个节点与另外两个节点有联系（图 6 -8a），检测到的社群数较前面三个网络显著减少，社团规模明显增大（图 6 -8b）。由图 6 -9a 可见，400 个节点和 800 条边的随机网络中节点间的联系相较于前四个网络最为密切，检测到的社群数也大大减少，社群规模显著增大（如图 6 -9 所示）。在检测出社群后，运用 5 种知识扩散源选择方法从各个社团中识别出知识扩散源。

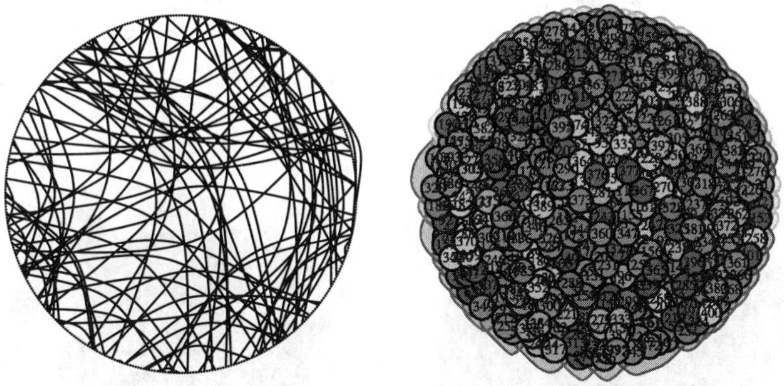

a 网络图　　　　b 社团检测结果

图 6 -6　400 个节点 100 条边的随机网络

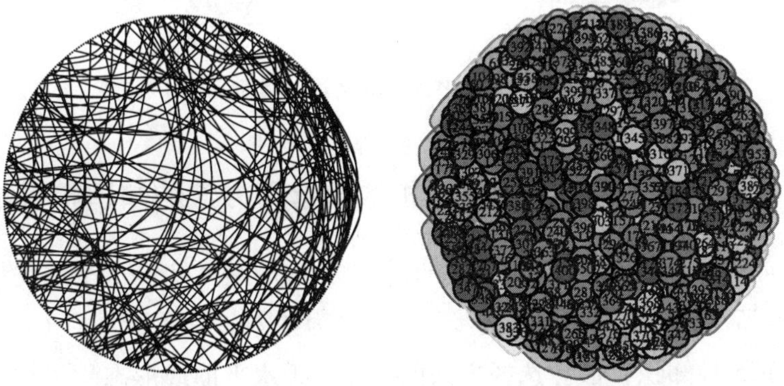

a 网络图　　　　b 社团检测结果

图 6 -7　400 个节点 200 条边的随机网络

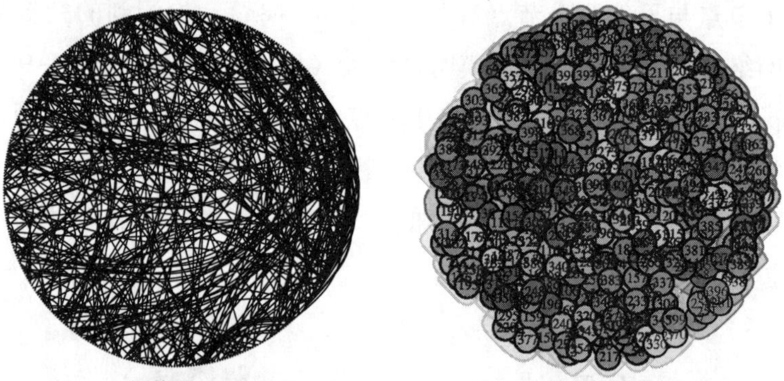

a 网络图　　b 社团检测结果

图 6－8　400 个节点 400 条边的随机网络

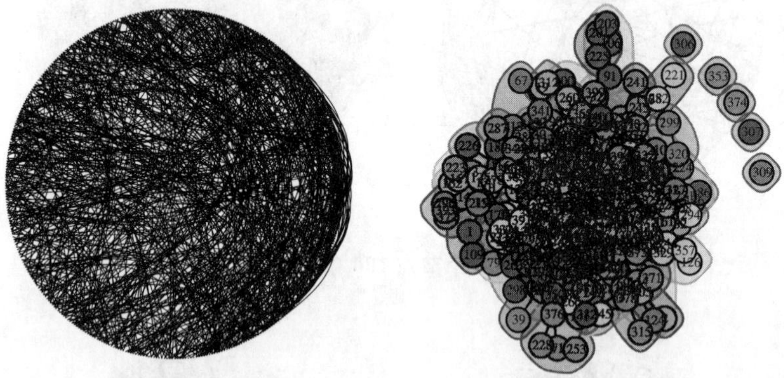

a 网络图　　b 社团检测结果

图 6－9　400 节点 800 条边的随机网络

6.3.2　随机网络不同知识扩散源选择方法的知识扩散结果

不同密度的随机网络在 100 个时间步长内的整体知识水平演化情况如图 6－10 所示。图中横轴为时间步长，纵轴为整体知识水平（式（3－26））。各网络的 5 种知识扩散源选择方法的整体知识水平曲线形态均为在前期斜率最大，中期减小，后期趋于水平，各方法之间的差距在 5 个网络中均经历“增大—缩小—最后稳定趋于一致”的过程，在不同密度的随机网络中，基于合作对象吸收能力的知识扩散源选择方法的整体知识水平在演化过程中始终处于领先地位。其余几种基于复杂网络中心性的方法在不同密度的网络中呈现出不同的优劣顺序。在 $t=1$ 时刻，网络整体知识水平和边数成反比，即边数越多的网络在 $t=1$ 时刻整体知识水平越低。在边数越多的网络中，节点的连接较多，检测到的社团数较少，因此，社团的规模较大，而每个社团的知识扩散源数量为一个；在 $t=1$ 时刻，普通节点的知识存量为 0，知识扩散源数量小于其他边数较少的网络，网络中的知识存量少，因此网络整体知识水平低。在 50 条边和 100 条边的随机网络中，社团规模很小，因此基于网络中心性的知识扩散源选择方法容易选择到同样的节点作为知识扩散源；100 条边的随机网络中，四种基于复杂网络中心性的方法的整体知识水平曲线重叠。在 50 条边的随机网络中基于特征向量中心性的知识扩散源选择方法各时刻整体知识水平最低，其余三种方法重叠。在 400 个节点、50 条边的网络中整体知识水平接近于 1；在 400 个节点 200 条边的随机网络中，中介中心性、接近中心性和度中心性的知识扩散源选择方法的整体知识水平较接近，基于中介中心性的知识扩散源选择方法各时刻整体知识水平高于度中心性和接近中心性，特征向量中心性的整体知识水平最低。而在 400 个节点和 400 条边的随机网络中，各方法之间的整体知识水平的差距最大。排序依次为基于合作对象的吸收能力的知识扩散源选择方法、基于度中心性的知识扩散源选择方法、基于中介中心性的知识扩散源选择方法，最后是基于接近中心性的知识扩散源选择方法。在 400 个节点 800 条边的随机网络中，因节点间连接多、社团规模较大，各知识扩散源选择方法获取的知识扩散源区别也大，因此各知识扩散源选择方法的整体知识水平之间体现出差距，且基于合作对象吸收能力的方法与其他方法相比的优势更为明显。整体知识水平的排序依次为基于合作对象吸收能力的知识扩散源选择方法、基于度中心性的知识扩散源选择方法、基于中介中心性的知识扩散源选择方法、基于特征向量中心性的知识扩散源选择方法和基于接近中心性的知识扩散源选择方法。在 100 个时间步长末期，整体知识水平离达到饱和仍存在一定的距离。通过观察 5 个不同密度的随机网络的整体知识水平演化情况发现：网络越稀疏、检测到的社团数量越多，在 $t=1$ 时刻，网络整体知识水平越高，且最快达到知识饱和，各方法之间的差别也越明显，网络知识达到饱和所需的时间也越长。在网络密度不同的随机网络中，基于合作对象吸收能力的知识扩散源选择方法的整体知识水平在各时刻始终最佳，这是因为在 $t=2$ 时刻，该方法将更多的知识从知识扩散源处转移给邻居节点，网络中的知识存量高于其余几种方法，在之后的协作中，始终保持优势，而其余几种基于复杂网络中心性的方法的优劣随网络密度的不同而不同，基于度中心性和中介中心性的知识扩散源选择方法普遍高于基于特征向量中心性和接近中心性的知识扩散源选择方法。

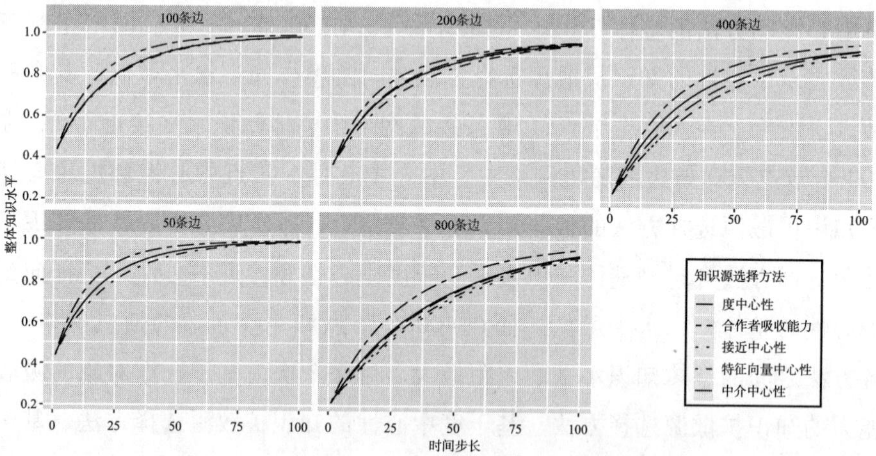

图 6-10　不同边数的随机网络整体知识水平演化情况

不同网络密度的随机网络不同知识扩散源选择方法下的知识增长速度演化情况如图 6-11 所示。图 6-11 中，横轴为时间步长，纵轴为知识增长速度（式（3-27））。5 个网络的 5 种知识扩散源选择方法的知识增长速度均呈现出 $t=2$ 时刻达到最大值而后逐步下降，最终趋近于 0 的过程。在网络密度越大的随机网络中，知识增长速度的最大值也越大。各方法在知识增长速度上的差距也呈现出瞬间最大，之后缩小为一致，接着再增大，最后趋近于 0 的过程。在 5 种知识扩散源选择方法中，基于合作对象的知识扩散源选择方法的知识增长速度在前期的 5 个网络中均处于最高水平，在中后期低于或等于另 4 种基于复杂网络中心性的方法。

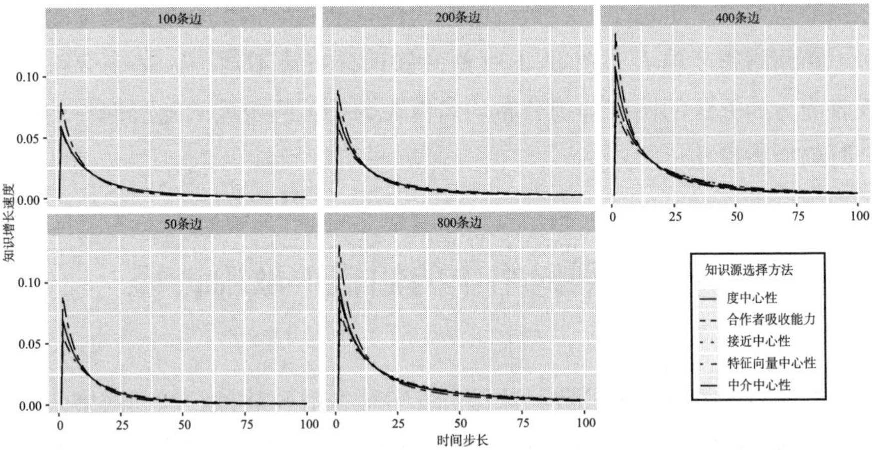

图6-11　不同边数的随机网络知识增长速度演化情况

网络密度不同的随机网络在不同的知识扩散源选择方法下网络知识分布的均匀性在个时刻的演化情况如图6-12所示。图6-12中横轴为时间步长，纵轴为标准差系数值，根据式（3-28），标准差系数越大，网络知识分布越不均匀。相反，标准差系数越小，5个不同密度的随机网络的网络密度的标准差系数曲线呈现出较大的差距。在网络密度越小的网络中，社团规模越小，网络中知识扩散源越多，知识分布越均匀，不同方法

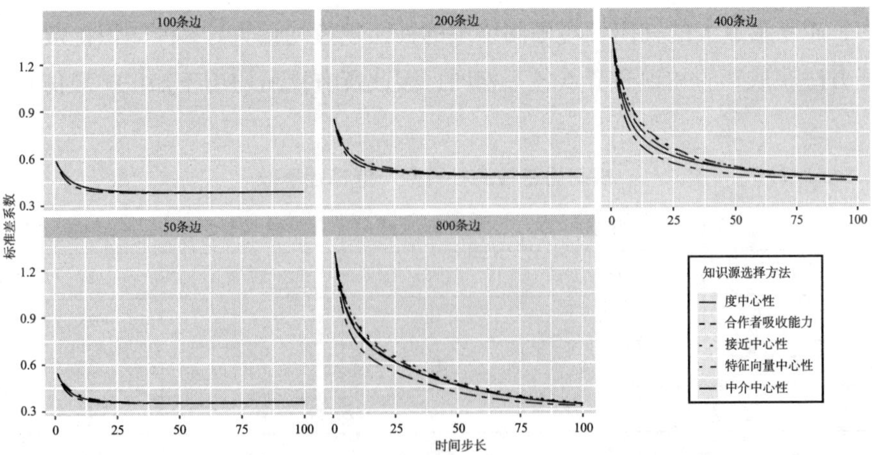

图6-12　不同边数的随机网络标准差系数演化情况

之间的均匀性差距也小，在最短的时间内达到网络知识分布最为均匀的状态。而网络密度越大，在 $t=1$ 时刻的知识分布最不均匀，基于合作对象吸收能力的方法的网络知识分布均匀性在 5 个不同密度的随机网络中，各个时刻均为最佳。

6.4 规则网络中的知识扩散源选择

规则网络中的知识扩散源选择仿真实验采用 R 软件，规则网络的生成利用 igraph 程序包中的 watts. strogatz. game（）函数，将其中的重连概率 p 设置为 0。规则网络的 *nei* 指各节点与左右相邻的节点相连的数量。为了比较不同规则网络密度对知识扩散源选择的影响，设置 *nei* 值分别为 1、3、5、10、20 并生成节点度不同的 5 个规则网络。节点数量为 400，设置知识扩散的时间步长 $t=100$。

6.4.1 规则网络社团检测结果

规则网络中的社团检测结果如表 6－2 所示。表 6－2 中，*nei* 表示网络中的每个节点与左右各 *nei* 个节点有连接。在不同 *nei* 值不同的规则网络中，*nei* 越大，检测到的社团数越小，因 *nei* 越大，说明节点之间的连接越多，越易形成大的社团。规则网络中的社团规模均偏大，5 种知识扩散源选择方法获取到的知识源节点各不相同，因此所有社团均用于知识扩散仿真。

表 6－2　　规则网络检测社群数与选择社群数

nei	社团数	选择社团数	节点平均度	社团平均规模
1	18	18	2	22.2
3	14	14	6	28.5
5	12	12	10	33.3
10	9	9	20	44.4
20	5	5	40	80

图 6 - 13 为各节点与左右各 1 个节点有边的规则网络，图 6 - 13a 为 *nei* = 1 的规则网络图，规则网络为典型的同构网络，网络中每个节点的度一致。图 6 - 13b 为社团检测结果，图中小圆圈代表节点，小圆圈内部的数字代表节点号，大圆圈代表社团，可见在规则网络中社团内部的节点号连续。在图 6 - 14a 的规则网络图中可见各节点的度较图 6 - 13 有所增大，网络密度增大。图 6 - 14b 中可知，社团规模相较于 *nei* = 1 时有所增大，且社团数减小。类似的，图 6 - 15a、图 6 - 16a 和图 6 - 17a 的网络图可见，随着 *nei* 的增大，网络密度不断增加，节点之间的连接更多，社团规模随之增大，检测社团数量减少，且社团内部的节点号连续，如图 6 - 15b、图 6 - 16b 和图 6 - 17b 所示。

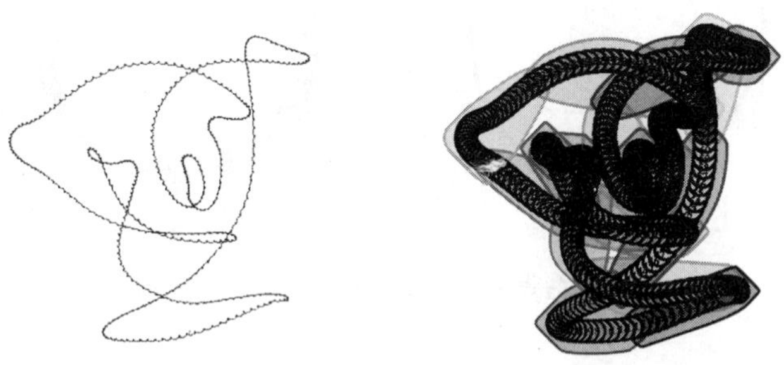

a 网络图　　b 社群检测结果

图 6 - 13　各节点与左右各 1 个节点有边的规则网络

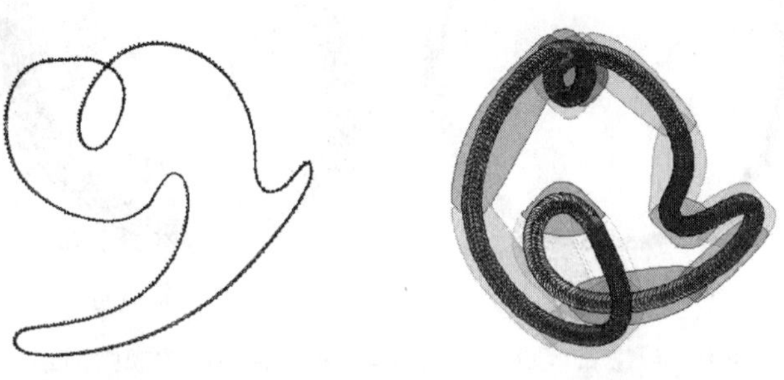

a 网络图　　b 社团检测结果

图 6 - 14　各节点与左右各 3 个节点有边的规则网络

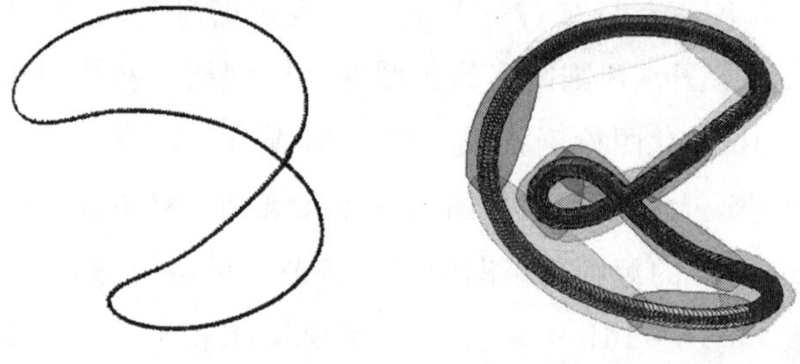

a 网络图　　b 社团检测结果

图6－15　各节点与左右各5个节点有边的规则网络

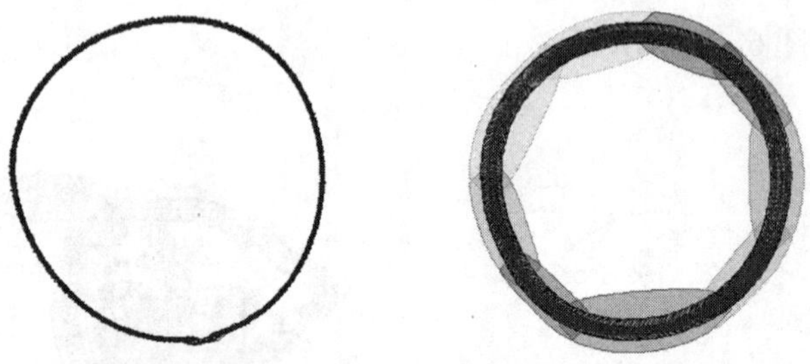

a 网络图　　b 社团检测结果

图6－16　各节点与左右各10个节点有边的规则网络

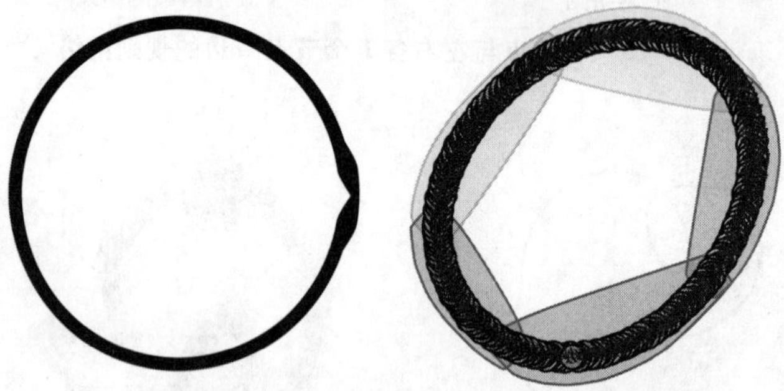

a 网络图　　b 社团检测结果

图6－17　各节点与左右各20个节点相连的规则网络

6.4.2　规则网络不同知识扩散源选择方法的知识扩散结果

节点度不同的规则网络不同知识扩散源选择方法的整体知识水平不同

时刻演化情况如图6－18所示。图6－18中，横轴为时间步长，纵轴为整体知识水平（式（3－26））。不同 *nei* 值的规则网络中的整体知识水平曲线呈现出较大的差别。但基于合作对象吸收能力的知识扩散源选择方法在5个网络中的整体知识水平在各时刻仍为最高。因规则网络中各节点的度一致，因此基于度中心性的知识扩散源选择方法在各时刻的整体知识水平最低。在 *nei*＝1时，节点与左右各1个节点相连，由于社团规模较大，知识从知识扩散源处转移较慢，经100个时间步长的知识扩散，网络整体知识水平仍较低，且基于特征向量的知识源选择方法的整体知识水平仅次于合作对象吸收能力，位列第2，其余三种方法重叠。在400个节点、*nei*＝3的规则网络中，整体知识水平演化曲线的斜率较 *nei*＝1的规则网络有所增加，但节点平均度仍较低，知识扩散相对缓慢，后期未达到饱和，各方法之间的差距仍较大，且基于度中心性和接近中心性的知识扩散源选择方法的整体知识水平演化曲线重合。在 *nei*＝5的规则网络中，网络密度增大，基于接近中心性、特征向量中心性和中介中心性知识扩散源选择方法的整体知识水平演化曲线重合。而 *nei*＝10的规则网络中的网络密度更大，社团规模增加，5种知识扩散源选择方法获取的知识扩散源节点差异更大，不同知识扩散源选择方法的整体知识水平曲线重叠少，较 *nei*＝5的规则网络，更快达到知识饱和。各方法的整体知识水平在各时刻的排序依次为：

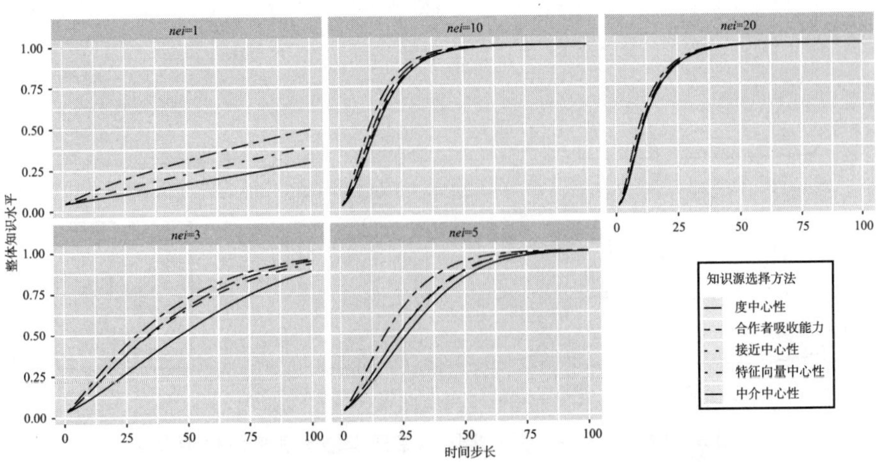

图6－18　不同 *nei* 值的规则网络整体知识水平演化情况

基于合作对象吸收能力、中介中心性、特征向量中心性、接近中心性和度中心性的知识扩散源选择方法。在 $nei=20$ 的随机网络中，节点平均度更大，各知识扩散源选择方法之间的差距减小，说明在节点度不同的规则网络中，节点的度越大，网络各时刻的整体知识水平受知识扩散源选择方法的影响越小。

规则网络的知识增长速度演化情况如图 6－19 所示，横轴为时间步长，纵轴为知识增长速度（式（3－27））。在 *nei* 值不同的规则网络中，*nei* 值越大，在 $t=2$ 时刻，知识增长速度的最大值越大，且基于合作对象吸收能力的知识扩散源选择方法的知识增长速度的最大值也高于其他 4 种基于复杂网络中心性的方法。在知识扩散初期，知识增长速度瞬间达到最大值，之后迅速减小，且各种知识扩散源选择方法的知识增长速度在 10 个时间步长之内下降为一致，而后差距逐渐加大，且在这个时间段，基于合作对象吸收能力的知识扩散源选择方法的知识增长速度位于 5 种方法中最低，最终 5 种知识扩散源选择方法的知识增长速度演化曲线趋近于重合，知识增长速度趋近于 0。5 个网络中的知识增长速度演化曲线由于 *nei* 的不同呈现出较大的差异。在 $nei=1$ 的规则网络中，节点度均为 2，$t=2$ 时刻，各社团的知识扩散源仅将知识转移给 2 个节点，网络中的知识量低于

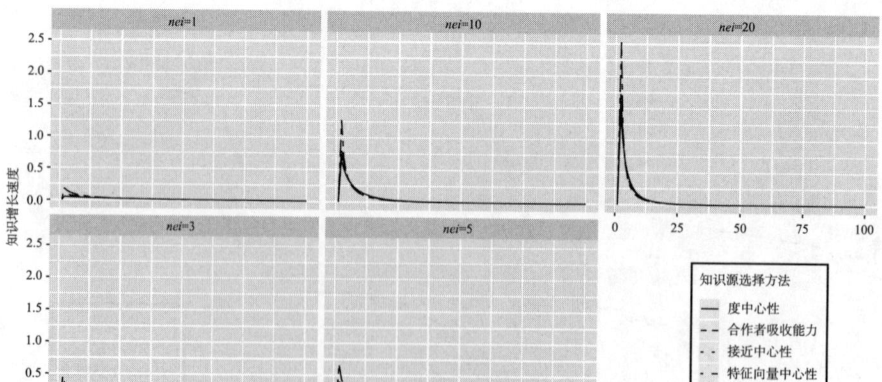

图 6－19　不同 *nei* 值的规则网络知识增长速度演化情况

其他 *nei* 更高的规则网络，知识增长速度的最大值在 5 个网络中最慢，$t=25$ 时刻，5 种知识扩散源选择方法的知识正常速度都趋近于 0。*nei* 值越大，不同知识扩散源选择方法的知识增长速度之间的差距越明显。

不同 *nei* 值的 5 个规则网络不同知识扩散源选择方法不同时刻网络知识分布的均匀性演化情况如图 6-20 所示。图 6-20 中横轴为知识扩散的时间步长，纵轴为标准差系数（式（3-28）），标准差系数越小，说明网络中节点之间的知识存量分布越均匀。由图 6-20 可知，5 个规则网络的标准差系数在 $t=1$ 时刻最大，而后急剧下降，在知识扩散的前中期趋于水平，且各方法之间的差距也经历增大、缩小且趋于一致为 0 的过程。5 种知识扩散源选择方法在整个知识扩散过程中，基于合作者吸收能力的知识扩散源选择方法的均匀性始终最佳。由于规则网络中所有节点的度完全相同，而基于度中心性的知识扩散源选择方法选择的是网络中度最大的节点作为知识扩散源，因此基于度中心性的知识扩散源选择方法选择的知识扩散源的度并不比普通节点大，进行知识扩散时也无法将更多的知识转移给邻居节点，此种知识扩散源选择方法的网络知识分布均匀性在 5 种方法中，在整个知识扩散过程中始终最差。另外，随着 *nei* 的增大，社团中节点的平均数量增大，社团数量减小，又因每个节点中仅一个知识扩散源，

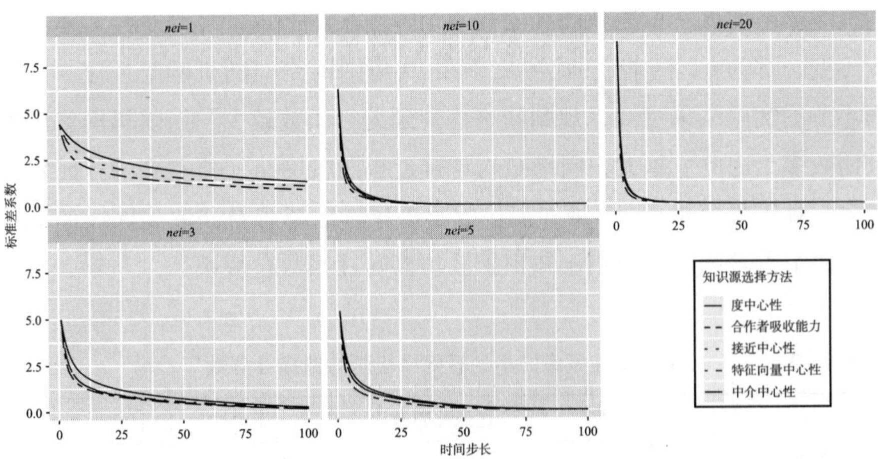

图 6-20　不同 *nei* 值的规则网络知识分布的均匀性演化情况

因此网络中的知识扩散源数量减小，$t=1$ 时刻的节点间知识水平差距越大，标准差系数越大，知识分布越不均匀。而 *nei* 增大，那么节点的度也增大，每个时刻，节点吸收到的知识多，知识增长快，标准差系数降低也快，节点间的知识水平差距受不同知识扩散源选择方法的影响降低。

6.5 小世界网络中的知识扩散源选择

小世界网络的生成仍调用 igraph 程序包的 watts. strogatz. game（）函数，设置参数 $nei=3$，生成 5 个重连概率不同的小世界网络，设置 p 分别为 0.001、0.01、0.05、0.1 和 0.2。设置网络中节点数为 400，时间步长 t 为 100。

6.5.1 小世界网络社团检测结果

不同重连概率 p 的小世界网络作社团检测后的检测社团数和用于知识扩散仿真的社团数量如表 6－3 所示。在 $p \leqslant 0.01$ 时，很少节点与附近节点断开连接，重连远端节点，此时小世界网络接近于规则网络，因此检测社团数和选择社团数接近于 $nei=3$ 的小世界网络。由表 63 可知，随着重连概率 p 的增大，检测到的社团数增多，由于 5 个小世界网络的节点平均度不变，都为 6，随着 p 的增大，网络从规则网络向随机网络过渡。从前面小节的实验结果可知，规则网络检测到的社团数较少，而随机网络中的社团数多，因此 p 越大，网络结构越接近于随机网络，检测到的社团数也越多。社团规模越小，5 种知识扩散源选择方法越容易获取到同样的知识扩散源节点，因此选择用于知识扩散仿真的社团数量减小。

表 6－3　　不同重连概率的小世界网络检测与选择社群数

p	社团数	选择社团数	节点平均度	社团平均规模
0.001	14	14	6	28.5
0.01	13	13	6	30.7

续表

p	社团数	选择社团数	节点平均度	社团平均规模
0.05	19	19	6	21.0
0.1	22	22	6	18.1
0.2	32	29	6	12.5

图 6－21 为 $p=0.001$ 的小世界网络的网络图和社团检测结果，社团检测结果图中小圈为节点，大圈为社团。在图 6－21a 中，图中仅一条边从原来的规则网络断开，连接到远端节点，社团检测结果也类似于规则网络，即社团内部的节点号连续。$p=0.01$ 的小世界网络如图 6－22 所示。在图 6－22a 中网络密度不变，网络的随机性增加，更多节点和周围的节点断开连接，并连接到其他节点。图 6－22b 中的社团检测结果可见，社团内部的节点号不完全连续，和规则网络的社团检测结果已形成了较为明显的差距。$p=0.05$、$p=0.1$ 和 $p=0.2$ 的小世界网络的网络图和社团检测结果分别为图 6－23、图 6－24 和图 6－25。通过观察可见，随着 p 的增大，和近端节点断开连接和远端节点建立连接的节点越来越多。p 越大，网络结构越接近于随机网络，社团检测结果也向随机网络靠近，即网络规模变小，而社团数增加，5 种知识扩散源选择方法获取的知识扩散源节点完全相同的概率也大大增加，因此选择用于知识扩散仿真实验的社群数量在总的检测到的社团中所占比重下降。

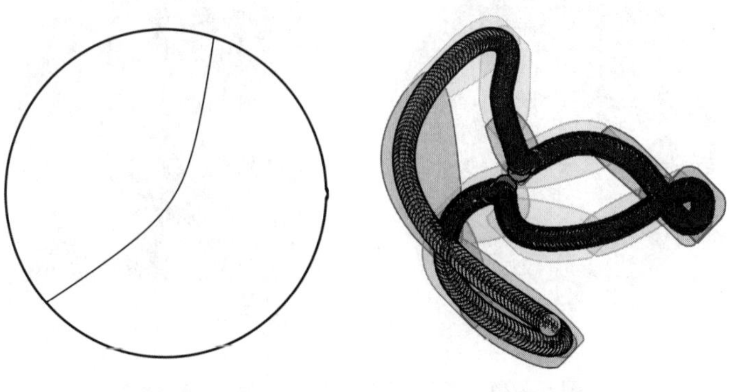

a 网络图　　b 社团检测结果

图 6－21　重连概率为 0.001 的小世界网络

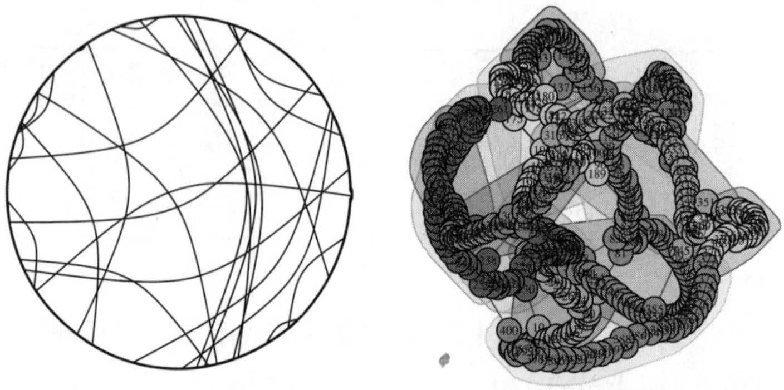

a 网络图　　b 社团检测结果

图 6－22　重连概率为 0.01 的小世界网络

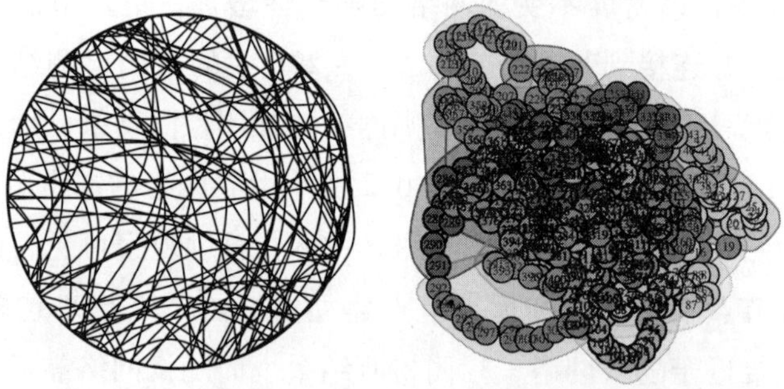

a 网络图　　b 社团检测结果

图 6－23　重连概率为 0.05 的小世界网络

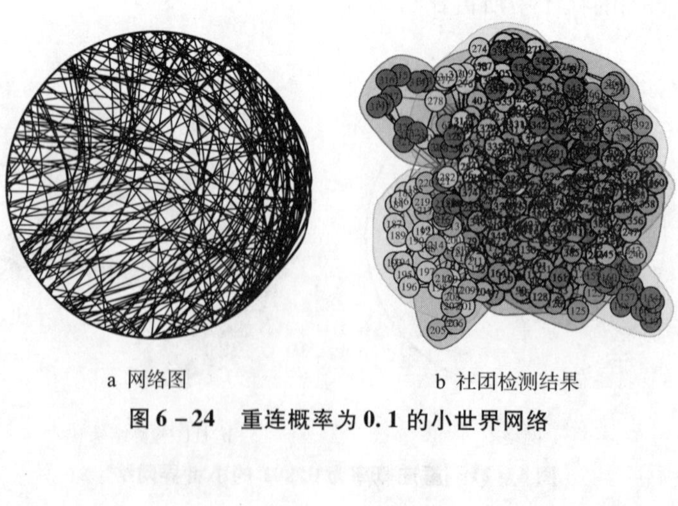

a 网络图　　b 社团检测结果

图 6－24　重连概率为 0.1 的小世界网络

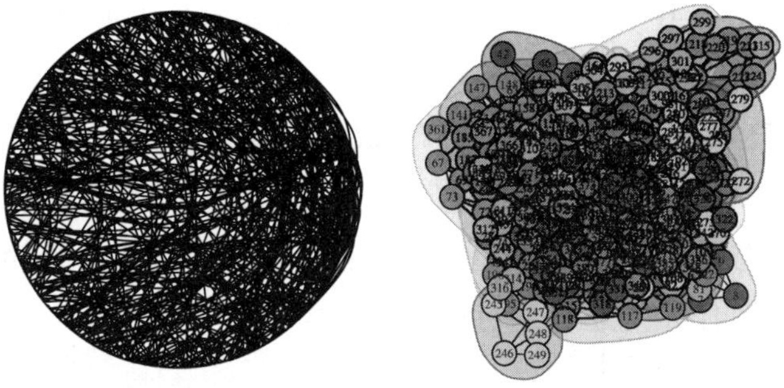

a 网络图　　b 社团检测结果

图6-25　重连概率为0.2的小世界网络

6.5.2　小世界网络不同知识扩散源选择方法的知识扩散结果

不同重连概率的小世界网络同步知识扩散源起点的整体知识水平演化情况如图6-26所示。图6-26中横轴为时间步长，纵轴为整体知识水平（式（3-26））。不同重连概率p的小世界网络中整体知识水平在100个时间步长内持续上升，且均经历曲线斜率最大、放缓，后期趋于水平的过程，在5个小世界网络中，从基于合作对象吸收能力的知识扩散源选择方法获得的知识扩散源节点处开始知识扩散的情况下，其整体知识水平在各时刻均高于从其余4种基于复杂网络中心性的知识扩散源选择方法。在重连概率p不同的5个小世界网络中，随着p的变化，另4种基于复杂网络中心性的方法的整体知识水平的排序不尽相同。且随着p的增大，节点平均度不变，但节点间度的差异增大，网络整体知识水平对度中心性的依赖性增强。在$p=0.001$时，基于度中心性的知识扩散源选择方法在5种方法中仅排第4。到$p=0.01$时，基于度中心性的知识扩散源选择方法在各方法中上升至第3。而在p大于等于0.05时，基于度中心性的方法仅次于合作对象吸收能力，排到了第2。相反，随着p的增大，整体知识水平对中介中心性的依赖性降低，排序从$p=0.01$时的第2到$p=0.05$的第4，最后在$p=0.1$或$p=0.2$时位于几种方法中的末位。p的变化，不会改变网络中的节点平均度，由图6-26可知，p越大，网络整体知识水平在越短的时间内达到饱和，且不同知识扩散源选择方法在整体知识水平上的差距缩小。p 越小，基于合作对象吸收能力的方法与另 4 种方法之间的差距越大。因 $p=0.001$ 时接近于规则网络，仅与附近的节点相连，平均路径长度较长、聚集系数大。社团内部距离较远的知识需要更长的时间才能扩散过来。而随着 p 的增大，越来越多节点与远端节点建立连接，保持了小世界网络平均路径长度短且聚集系数大的优势，更有利于知识的扩散，整体知识水平受知识扩散源选择方法的影响变小。

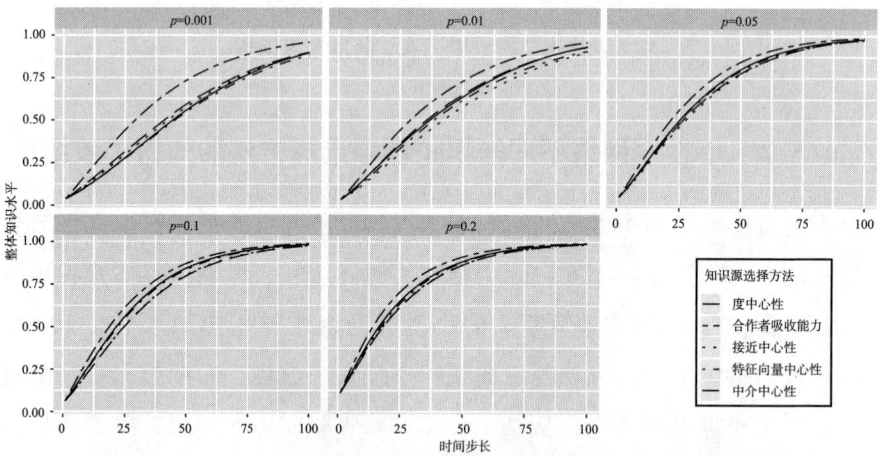

图 6－26　不同重连概率的小世界网络整体知识水平演化情况

5 个小世界网络不同知识扩散源选择方法的知识增长速度的演化情况如图 6－27 所示，图中横轴为时间步长，纵轴为知识增长速度（式（3－27））。因 p 越大，小世界网络越向随机网络过渡，网络中的社团数量越多，知识扩散源越多，$t=1$ 时刻，网络中的整体知识水平越高；在 $t=2$ 时刻知识增长速度的最大值越小。约在 $t=10$ 时刻，各网络的 5 种知识扩散源选择方法的知识增长速度曲线重合，之后再逐渐拉开差距，最后重合为知识扩散速度为 0。

不同重连概率的小世界网络不同知识扩散源选择方法的知识分布的均匀性如图 6－28 所示，图 6－28 中横轴为时间步长，纵轴为标准差系数，根据式（3－28），其中标准差系数越小，代表网络中不同节点之间的知识分布越均匀。在 100 个时间步长的知识扩散过程中，各网络的知识分布的

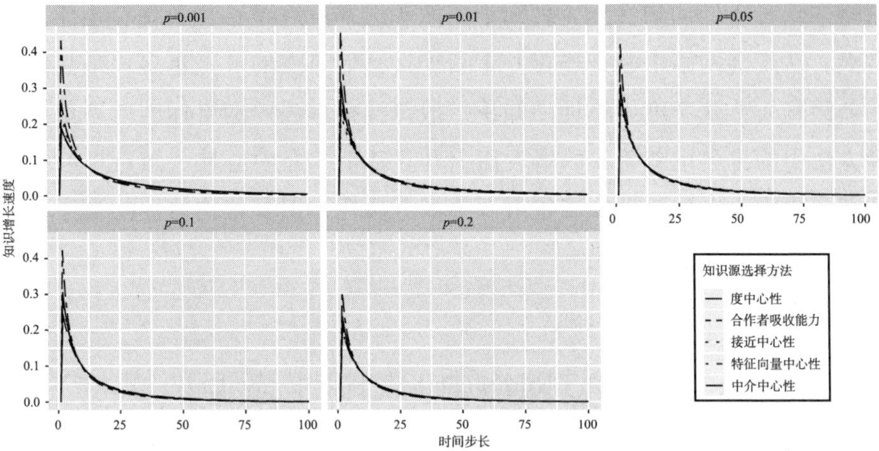

图6-27　不同重连概率的小世界网络知识增长速度演化情况

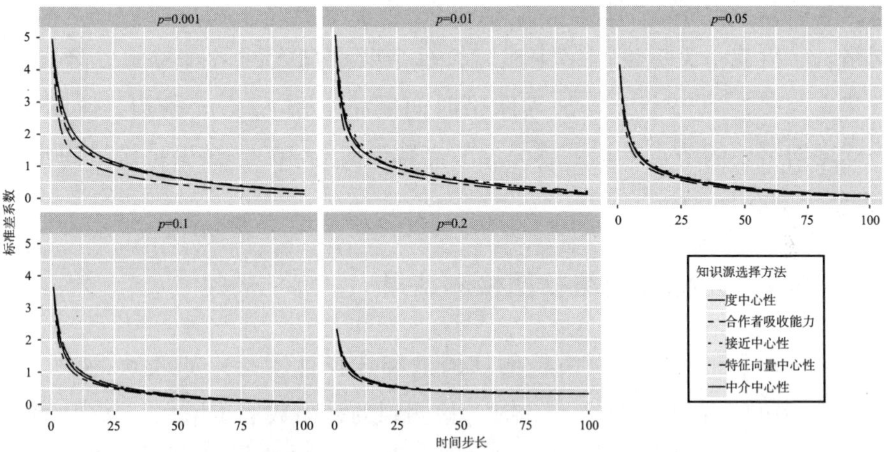

图6-28　不同重连概率的小世界网络知识分布的均匀性演化情况

均匀性逐步提升。在 $t=1$ 时刻，5个网络的标准差系数呈现出较大的差距，随着 p 的增大，网络中的社团数越多，知识扩散源越多，即网络中知识存量为1的节点越多，知识存量为0的节点越少，节点之间知识水平的差距越小，因此标准差系数越小，在之后的知识扩散过程中，p 越大的小世界网络也越快达到网络知识的均衡。在重连概率不同的5个小世界网络中，基于合作者吸收能力的知识扩散源选择方法在整个知识扩散过程中，网络知识分布的均匀性在5种知识扩散源选择方法中一直最优。由于p的增大，从规则网络中断开连接并重新连接其他节点的节点越多，节点间度的差距越大，基于度中心性的知识扩散源选择方法的网络标准差系数在几种方法中的排名也随着p的增大而上升。基于中介中心性、接近中心性和特征向量中心性的3种知识扩散源选择方法在知识分布均匀性的排序也随着重连概率的变化而变化。

6.6 无标度网络中的知识扩散源选择

无标度网络的生成采用R语言igraph包的barabasi. game（）函数，通过设置参数m的值分别为1、2、3、4、5生成节点平均度不同的无标度网络。m值表示无标度网络生成时，每个节点加入网络时与m个不同节点建立连接，即每个节点加入网络时向网络中引入了m条边，m越大，无标度网络中的节点平均度越大。节点数设置为400，知识扩散时间步长t设置为100。

6.6.1 无标度网络社团检测结果

不同m值的无标度网络检测社团数和选择社团结果如表6-4所示。表6-4中的m值从1增大到3时，检测到的社团数逐步增大，从29增大到56。$m=3$时网络中的社团数达到最大值56，随着m从3继续增大，社团数却越来越小。选择的社团数也在$m=3$时达到最大值，而后减小。因每加入一个节点进入无标度网络引入m条边，网络中的边数为节点数的m倍。一条边连接两个节点，一条边使得两个节点的度各增加1，所以节点的平均度为m的两倍。社团规模即社团中的节点数量，平均社团规模为网络总节点数除以社团数，社团数越多，社团规模越小。

表 6 – 4　　　　无标度网络社团的基本情况

m	社团数	选择社团数	节点平均度	社团平均规模
1	29	8	2	13.7
2	36	28	4	11.1
3	56	50	6	7.1
4	26	21	8	15.3
5	25	24	10	16

图 6 – 29 为 $m=1$ 的无标度网络的网络图和社团检测结果。图 6 – 29a 的网络图呈现出明显的无标度特性，即网络中大多数的节点与较少的节点相连，少数节点与较多节点相连。图 6 – 29 的社团检测结果中，小圈为节点，划分到一个社团的节点在同一个大圈内。图 6 – 30、图 6 – 31、图 6 – 32 和图 6 – 33 分别为 m 为 2、3、4、5 的无标度网络的网络结构图与社团检测结果图。由图可知，随着 m 的增大，网络密度增加，节点平均度增大，其中度大的节点与度小的节点的度之间的差别越发明显，体现了“富者愈富、穷者愈穷”的马太效应。这是因为在每个新的节点加入无标度网络时，都倾向于选择度大的节点作为连接对象，随着每个节点引入的边的增多，度本就大的节点在 m 值大的网络中，比 m 值小的网络与度小的节点之间度的差距越大。

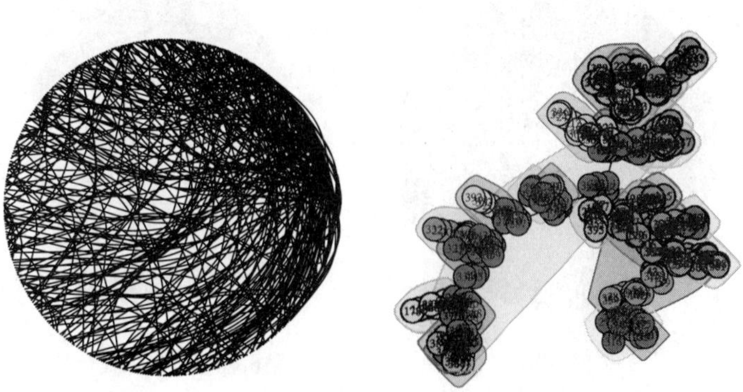

a 网络图　　　　b 社团检测结果

图 6 – 29　$m=1$ 的无标度网络

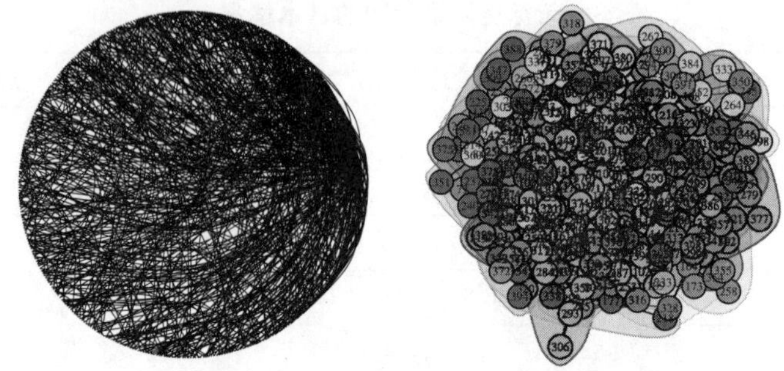

a 网络图　　　　b 社团检测结果

图 6－30　$m=2$ 的无标度网络

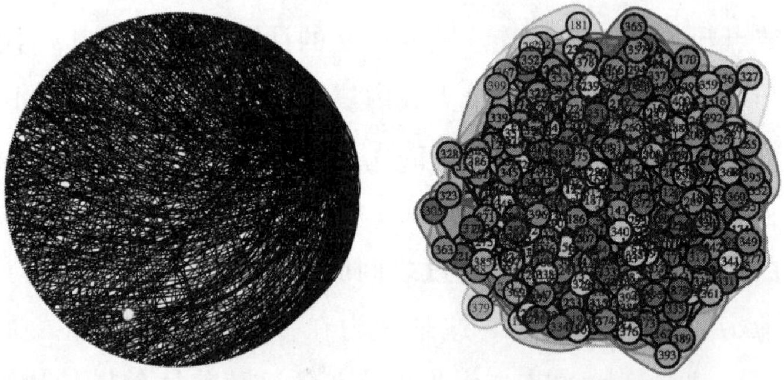

a 网络图　　　　b 社团检测结果

图 6－31　$m=3$ 的无标度网络

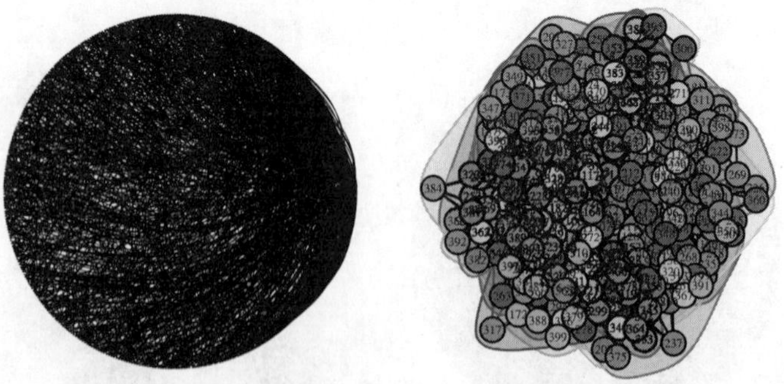

a 网络图　　　　b 社团检测结果

图 6－32　$m=4$ 的无标度网络

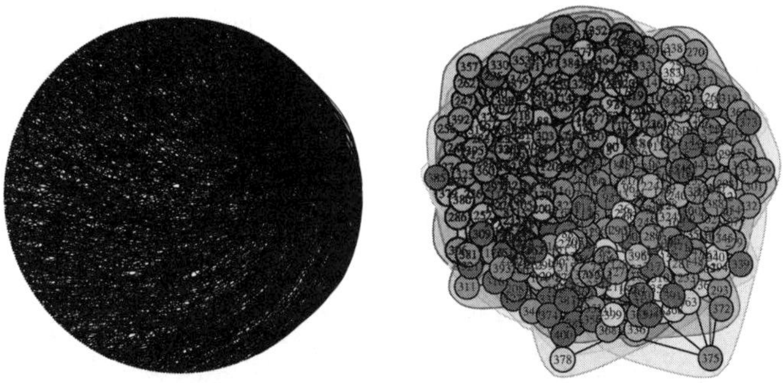

a 网络图　　　　　　　　　　b 社团检测结果

图 6－33　m＝5 的无标度网络

6.6.2　无标度网络不同知识扩散源选择方法的知识扩散结果

不同 m 值的无标度网络 5 种知识扩散源选择方法的整体知识水平如图 6－34 所示，图中横轴为时间步长，纵轴为整体知识水平（式（3－26））。m 值不同的无标度网络的各整体知识水平曲线类似。5 个网络中，在将其合作对象的吸收能力之和最大的节点作为知识扩散源，开展知识扩散的情况下，在各个时刻的整体知识水平均高于其他知识扩散源选择方法。在各网络中，整体知识水平排名第 2 的知识扩散源选择方法为基于度中心性的方法，因 5 个网络的 m 值不同，5 个网络中的网络平均度不同，每个网络中，节点的度也不同，基于度中心性的方法将节点度最大的节点作为知识扩散源；在 $t=2$ 时刻，相对于其他方法，将知识转移给最多的节点，在短时间内有更多的节点参与知识的转移和吸收，整体知识水平仅次于基于合作对象吸收能力的知识扩散源选择方法。在 $m=2$、3、4、5 时，基于中介中心性的知识扩散源选择方法的整体知识水平在 5 种方法中排名第 3，但 $m=1$ 时，该方法的整体知识水平最低，说明随着网络中节点度的增大和节点之间度的差距的增大，中介中心性在知识扩散源选择中的重要性不断提升；在 $m=5$ 时，基于中介中心性的知识扩散源选择方法各时刻的整体知识水平接近于度中心性。在不同 m 值的 5 个无标度网络中，基于特征向量中心性和接近中心性的两种方法在各个时刻的整体知识水平非常接近，且在五种知识扩散源选择方法中的排名最靠后。在 $t=1$ 时刻，$m=$

3 的无标度网络的整体知识水平高于其他 m 值的无标度网络，因为在 $m=3$ 时，网络中检测到的社团数量最多，社团平均规模较小，每个社团一个知识扩散源，所以在初始状态，网络整体知识水平最高。随着无标度网络的节点平均度的增大，整体知识水平曲线的斜率无明显增大，在 100 个时间步长的知识扩散末期，5 个网络的各个方法的整体知识水平均未达到饱和。这是因为节点平均度虽随着 m 的增大而增大，但是大多数节点的度在 m 左右，少数节点的度增大得多，而这些节点积累了各方面的优势资源，在这些节点所在的社团中，不同知识扩散源方法可能选取到同样的知识扩散源，因此这一部分社团未参加知识扩散仿真实验，选择到的社团的节点平均度差距不大，因此 5 个网络的整体知识水平曲线未体现出剧烈的差距。

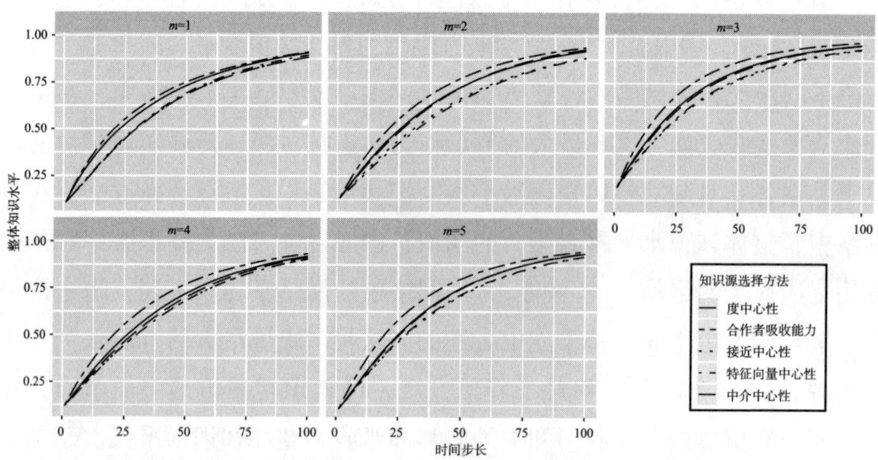

图 6－34　m 值不同的无标度网络整体知识水平演化情况

图 6－35 描述了不同 m 值的无标度网络不同知识扩散源选择方法下各时刻的网络知识增长速度，图中横轴为时间步长，纵轴为知识增长速度（式（3－27））。各网络不同方法的知识增长曲线的演化体现出类似的规律，即在 $t=2$ 时刻，各个方法的知识增长速度达到最大值，而后几种方法急剧下降为一致，接着差距拉开，最后趋近于一致为 0。各网络的知识增长速度的最大值在 $m=1$、2、3 时，知识增长速度最大值由大变小，在

m 大于等于 3 时，知识增长速度的最大值由大变小；在 $m=3$ 时，知识增长速度的最大值在五个网络中最低。因为 $m=3$ 时，初始时刻的网络整体知识水平在五个网络中最高，且社团中的节点数最少，知识扩散源节点转移的知识量少，因此 $t=2$ 时刻，增加的网络整体知识较少，该时刻的知识增长速度也低于其他网络。在 5 个网络中，在各方法的知识增长速度下降为一致之前，均为基于合作对象吸收能力的知识扩散源选择方法的知识增长速度最快。在这段时间内，其余几种知识扩散源选择方法在知识增长速度上的排序与各网络中整体知识水平的排序一致。在各方法的知识增长速度下降为一致之后，基于合作对象吸收能力的知识扩散源选择方法的知识增长速度降为最低。

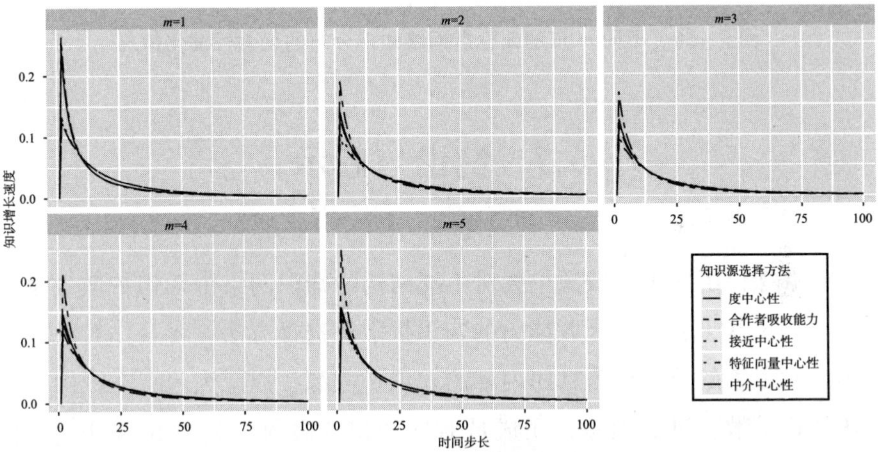

图 6－35　不同 m 值的无标度网络知识增长速度演化情况

5 个无标度网络不同知识扩散源选择方法各时刻网络标准差系数的演化情况如图 6－36 所示，图中横轴为时间步长，纵轴为标准差系数（式（3－28）），标准差系数越小，说明网络中的知识分布越均匀。在 $t=1$ 时刻，5 个网络的知识分布的均匀性各不相同，初期知识分布均匀性最强的也在最快的时间内达到网络知识的最均匀状态。基于合作对象吸收能力的知识扩散源选择方法的标准差系数在整个知识扩散过程中均为最低，即知识分布的均匀性始终最好。5 种知识扩散源选择方法的标准差系数的排序与各网络中 5 种方法的整体知识水平的排序一致。

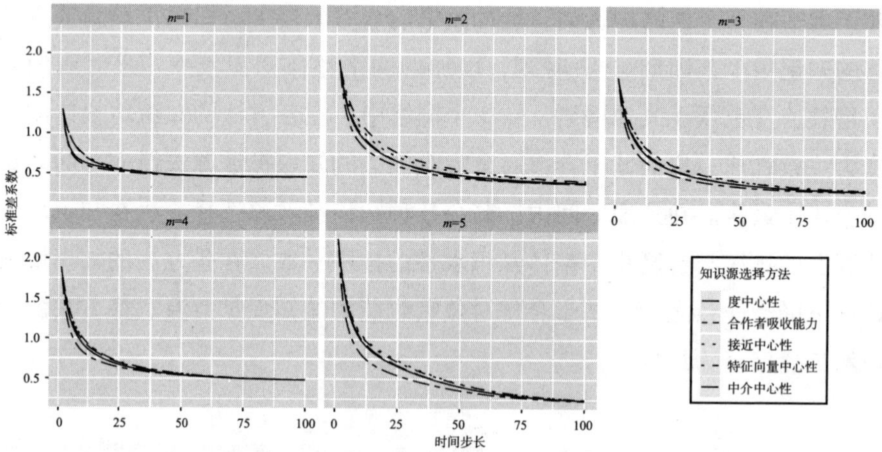

图 6-36　不同 m 值的无标度网络知识分布的均匀性演化情况

6.7　结论与启示

本章探讨了知识扩散源位置对不同结构的知识网络中知识扩散效率的影响。提出基于合作者吸收能力的知识扩散源选择方法，将合作对象吸收能力之和最大的节点作为社团内部的知识扩散源，以此为起点在社团内部实施知识扩散，进而加强社团成员对新知识的吸收。利用 R 软件完成仿真实验，运用 R 语言的 igraph 程序包中的函数生成不同参数设置的随机网络、规则网络、小世界网络和无标度网络，用以上四种网络结构模拟知识网络的结构，并采用社团检测算法从生成的网络中检测出创新集群，采用本章提出的知识扩散源选择方法从每个社团中筛选一个知识扩散源，进而通过知识扩散将知识转移到社团成员。通过与基于接近中心性、中介中心性、特征向量中心性和度中心性 4 种复杂网络中心性的知识扩散源选择方法作对比，发现无论网络结构怎样变化，基于合作者吸收能力的知识扩散源选择方法在网络整体知识水平、知识增长速度和知识分布的均匀性上均优于其余四种方法，其余四种方法的知识扩散效率在不同的网络结构中表现出不同的优劣顺序。在实践中，为促进知识网络中科技创新的转移，可选取直接合作对象的吸收能力最强的组织作为知识扩散源。合作对象的吸收能力最强也代表着在知识扩散的初期，新技术的拥有者将创新更多地转移到网络中，而这个优势将在后续的协作中继续保持。若选择那些合作对象最多，或是在整个集群中起桥梁作用，又或是离其余机构的关系都较近，或是合作对象的重要性最强的机构作为知识扩散的起点，知识的扩散效率均不如首先将最多的知识转移到网络中。但研究也存在一些不足之处，如在知识扩散过程中网络结构不发生变化，而实际情况下，组织或机构之间的合作关系会发生变化，网络中的成员也会发生变化，这对知识扩散源的选择会产生影响。

第 7 章
研究结论与展望

7.1　研究结论与启示

通过前面章节理论研究和数值仿真，得出一些结论，并对实践中知识网络的管理提供启示。

7.1.1　研究结论

（1）通过对基于无标度网络模型的协同创新网络知识扩散进行计算机仿真，得出协同创新网络中知识扩散效率相关结论如下。

在整体知识扩散效率方面，基于无标度网络模型的协同创新网络在演化初期，整体知识水平增长缓慢，之后逐步加快，到后期，整体知识水平接近于线性增长趋势。在演化过程中，主体之间平均知识水平的差距由大变小，知识资源分布均匀，意味着此时知识在组织之间的配置比较公平。协同创新网络整体知识水平与主体整体的吸收能力、主体之间连接的充分程度正相关；在节点未加入网络之前，网络规模与整体知识水平正相关；在节点加入网络之后，不同网络规模之间整体知识水平的差距逐渐缩小。

在各类知识的扩散效率方面，就网络各类知识总和而言，各类知识的扩散效率均经历“加快、减缓、稳定趋于一致”的过程。各类知识的存量大小顺序在演化过程中基本不变，且各类知识存量之间的差距不断加大。就单个节点而言，加入网络之前知识类型单一，加入网络之后通过与其他行业的节点协同创新，吸收了其他类型的知识。除本行业知识以外，节点的其他知识的存量大小排序取决于其邻接点各类知识的总和。若节点的吸收能力强且初始知识存量小，那么在网络演化过程中其他知识的增长速度可能超过本行业知识，转变行业为其邻接点的主要行业的可能性较大。

（2）结合知识网络相关理论，基于四种复杂网络模型，构建了知识网络扩散的理论模型，经过数值仿真，得出以下结论。

在整体知识扩散方面，知识网络演化过程中，四种结构的知识网络整体知识水平均不断上升。其中随机网络的整体知识水平高于其余三种网络结构，后期小世界网络与随机网络之间的差距不明显。无标度网络、小世界网络和随机网络的整体知识增长速度均经历“上升—下降—稳定”的过程，规则网络中的整体知识增长速度在网络演化前后变化不大。在网络知识分布的均匀性方面，无标度网络、小世界网络、随机网络中节点平均知识水平之间的差距在前期迅速减小，并稳定在较小值，其中小世界网络中的知识资源分布最为均匀。规则网络中知识资源分布的均匀性最差。此外，从单个节点的平均知识水平的演化情况来看，无论网络结构如何，不同网络中不同时间步长下知识存量低的节点保持一致，且专家节点在演化过程中普遍保持着较高的知识水平。可见主体知识吸收能力的强弱和前期自身知识储备的多少对主体在知识网络中的长远发展起着重要作用。

在各类知识扩散方面，四种网络中的不同种类的知识之间知识存量的差距越来越大，其中小世界网络各行业之间的差距最均匀。四种网络中各类知识的增长速度之间的差距由大变小。

（3）探讨了知识扩散源位置对不同结构的知识网络中知识扩散效率的影响。提出基于合作者吸收能力的知识扩散源选择方法，将合作对象吸收能力之和最大的节点作为创新集群内部的知识扩散源，以此为起点在创新集群内部实施知识扩散，进而加强社团成员对新知识的吸收。利用 R 软件完成仿真实验，运用 R 语言的 igraph 程序包中的函数生成不同参数设置的随机网络、规则网络、小世界网络和无标度网络，用上述网络模拟知识网络的结构，并采用社团检测算法从生成的网络中检测出创新集群，采用本章提出的知识扩散源选择方法从每个集群中筛选一个知识扩散源，进而通过知识扩散将知识转移到集群成员。通过与基于接近中心性、中介中心性、特征向量中心性和度中心性 4 种复杂网络中心性的知识扩散源选择方法作对比，发现无论网络结构怎么样变化，基于合作者吸收能力的知识扩散源选择方法在网络整体知识水平、知识增长速度和知识分布的均匀性上均优于其余四种方法，其余四种方法的知识扩散效率在不同的网络结构中表现出不同的排序。

7.1.2 研究启示

（1）对实践中的协同创新网络的管理启示包括以下几个方面采用或构建合理的网络结构——基于无标度网络模型的协同创新网络结构，即先让知识存量高的一些规模较大的机构加入协同创新网络，再逐步让新的中小型机构进入网络，网络中的主体之间一旦建立合作关系就努力实现长期维持。尽管采用这种合作模式在合作初期知识增长可能会比较缓慢，但随着网络中主体的逐步增多，知识增长速度不断加快并趋于稳定，主体之间的知识水平差距将不断缩小，知识资源能够得到有效与均匀的配置，各主体均能公平地享受知识增长给自身带来的利益。为了进一步提高知识扩散效率，可通过提升主体之间的合作水平来提高全部主体的知识吸收能力。从长远看，增大或缩小网络规模对整体知识水平影响不大。此外，若是仅仅提高中小规模机构的知识吸收能力，会因其原始知识储备不足，在协作过程中可能会将其所属行业更换为合作对象隶属的主导行业，产生知识优势领域的“迁移”和“突变”。相反，若创新组织在加入网络之前就不断提升自身的技术实力，已经拥有了较高的知识储备水平，那么，在加入网络之后它将更可能获得并保持在网络中的知识领先地位，其行业突变与迁移的可能性也较小。

（2）通过对四种网络整体知识和各类知识扩散效率的比较分析得出，从长远考虑，采用小世界网络的知识网络；即网络主体在初期仅与相邻的主体建立合作关系，随着知识网络的演化，逐渐以较低的概率与现有合作对象终止合作并与远端的主体建立合作关系；虽在前中期整体知识水平略低于随机网络，但到后期凭借其网络中主体之间的平均距离短、主体的集聚效应强等优势，整体知识水平会接近于随机网络。此种网络结构中知识资源分布最为公平，各知识主体均能公平地享受知识的增长为自身发展带来的好处。随机网络虽在整体知识水平上占优势，但主体之间的合作关系过于脆弱，每隔一段时间所有主体都会重新寻找新的合作对象，网络结构过于紊乱，不利于实践中的知识网络管理。对于知识网络中不同行业的知识而言，采用小世界网络结构的知识网络中不同行业知识积累量之间的差距分布最为均匀，且优势行业在初期已经确定。小世界网络结构的知识网络以优势行业为主导，各个行业能均衡地发展。此外，组织自身对知识的吸收能力、知识储备等因素也将显著影响其加入网络之后的发展情况。

（3）在实践中为促进知识网络中科技创新的转移，可选取直接合作对象的吸收能力最强的组织作为知识扩散源。合作对象的吸收能力最强也代表着在知识扩散的初期，新技术的拥有者将创新更多地转移到网络中，而这个优势将在后续的协作中继续保持。若选择那些合作对象最多，或是在整个集群中起桥梁作用，又或是离其余机构的关系都较近，或是合作对象的重要性最强的机构作为知识扩散的起点，知识的扩散效率均不如先将最多的知识转移到网络中。

7.2 研究的主要创新

本书的研究主要有以下几点创新。

（1）根据知识网络中网络主体在知识存量、知识吸收能力和知识类型上的差异，提出了基于知识主体异质性的知识扩散模型；（2）提出了社团内部知识扩散模型，描述知识在社团内部扩散的过程，并将该模型用于促进社团成员对相关知识吸收的研究中；（3）提出了基于合作者吸收能力的知识扩散源选择方法，且基于模拟数据和实际的协作网络数据的数值仿真结果均表明，其知识扩散效率高于其他基于复杂网络中心性的知识扩散源选择方法。

7.3 研究局限与未来展望

本书通过理论和仿真实验研究得出一些有益结论，但也存在一些不足之处，也为将来的研究指引了方向。

（1）借助BA无标度网络模型对协同创新网络的知识扩散过程进行模拟仿真研究，形成了一定有益结论，但仍存在诸多不足。首先，在主体选择合作对象方面，遵循无标度网络特性，设定选择已有较多合作对象的节点的可能性更大，而实践中，主体对合作对象的选取往往会考虑更多的因素，例如，双方价值观是否统一、对方管理水平高低、利益分配是否满意，等等。其次，设置每个主体的吸收能力和创新能力不变，而从实践发展来看，随着网络演化和创新组织自身的发展，其能力是会产生动态变化的。另外，设定主体之间一旦建立合作关系就不再变化，而现实网络合作中，其合作关系可能会发生不断变更甚至破裂。基于此，在后续的研究中，将进一步考虑主体之间合作的更多不确定性因素和主观因素，从而使仿真结果形成更强的实践解释力，为协同创新网络的优化管理提出更具价值的建议。

（2）借助复杂网络演化算法，考虑了知识网络中知识类型的异质性，对组织间合作领域知识网络的知识扩散过程进行了数值仿真研究，形成了一定有益的结论，但仍然存在诸多不足之处。例如，设定每个知识主体的吸收能力和创新能力不变，而从实践发展来看，随着网络的演化和知识主体自身的发展，其能力可能会发生动态变化。此外，在研究各类知识扩散效率方面，可进一步探讨网络结构对单个主体的各类知识积累情况的影响。基于此，在后续的研究中，将进一步考虑在知识网络演化过程中，单个主体的更多不确定性因素和主观因素，从而使仿真结果形成更强的实践解释力，为知识网络的优化管理提出更具价值的建议。

（3）为加强知识网络中技术创新集群内部的知识扩散，促进主体对本行业相关知识的吸收，提出基于合作者吸收能力的知识扩散源选择方法，在不同网络结构的知识网络中，其知识扩散效率高于其他方法。但研究也存在一些不足之处，例如，在知识扩散过程中网络结构不发生变化，而实际上，组织或机构之间的合作关系会发生变化，网络中的成员也会发生变化，这对知识扩散源的选择会产生影响。

参考文献

[1] Wei Q. An analytical framework for the conflict coordination mechanism of knowledge network [C]. In International Conference on Management Science and Engineering Management. Springer, Cham, 2017, 166 - 179.

[2] Goldenberg A, Zheng A X, Fienberg S E, et al. A survey of statistical network models [J]. Foundations and Trends in Machine Learning, 2010, 2 (2): 129 - 233.

[3] Raducha T, Gubiec T. Coevolving complex networks in the model of social interactions [J]. Physica A: Statistical Mechanics and its Applications, 2017, 471: 427 - 435.

[4] Ghosh S, Ganguly N. Structure and evolution of online social networks [J]. ISRL, 2014, 65: 23 - 44.

[5] Luo S, Du Y, Liu P, et al. A study on coevolutionary dynamics of knowledge diffusion and social network structure [J]. Expert Systems with Applications, 2015, 42 (7): 3619 - 3633.

[6] Long W, Guan L, Shen J, et al. A complex network for studying the transmission mechanisms in stock market [J]. Physica A: Statistical Mechanics and its Applications, 2017, 484: 345 - 357.

[7] Li H, An H, Fang W. Global energy investment structure from the energy stock market perspective based on a Heterogeneous Complex Network Model [J]. Applied Energy, 2017, 194: 648 - 657.

[8] Li T, Ma J. The complex dynamics of R&D competition models of

three oligarchs with heterogeneous players [J]. Nonlinear Dynamics, 2013, 74 (1-2): 45-54.

[9] Bogliacino F, Pianta M. Profits, R&D, and innovation—a model and a test [J]. Industrial and Corporate Change, 2012, 22 (3): 649-678.

[10] Lin J, Ban Y. The evolving network structure of US airline system during 1990-2010 [J]. Physica A: Statistical Mechanics and its Applications, 2014, 410: 302-312.

[11] Jia T, Jiang B. Building and analyzing the US airport network based on enroute location information [J]. Physica A: Statistical Mechanics and its Applications, 2012, 391 (15): 4031-4042.

[12] Pastor-Satorras R, Vespignani A. Epidemic dynamics and endemic states in complex networks [J]. Physical Review E, 2001, 63 (6): 66-117.

[13] Barthélemy M, Barrat A, Pastor-Satorras R, et al. Dynamical patterns of epidemic outbreaks in complex heterogeneous networks [J]. Journal of Theoretical Biology, 2005, 235 (2): 275-288.

[14] Beckmann M J. Economic Models of Knowledge Networks [M]// Networks in Action. Springer Berlin Heidelberg, 1995.

[15] Kobayashi K. Knowledge Network and Market Structure: An Analytical Perspective [M]// Networks in Action. Springer Berlin Heidelberg, 1995.

[16] 庞杰. 知识流动理论框架下的科学前沿与技术前沿研究——以太阳能电池领域的计量研究为例 [D]. 大连: 大连理工大学, 2011.

[17] 梁永霞. 引文分析学的知识计量研究 [D]. 大连: 大连理工大学, 2009.

[18] Takagi S, Toyama R. Generation of weak ties in a growing network: network analysis of co-inventor relationships [J]. International Journal of Knowledge and Learning, 2009, 5 (1): 26-36.

[19] Peters H P F, Raan A F J V. Structuring scientific activities by co-author analysis [J]. Scientometrics, 1991, 20 (1): 235-255.

[20] 席运江. 组织知识的网络表示模型及分析方法 [D]. 大连: 大

连理工大学，2006.

［21］刘建国．复杂网络模型构建及其在知识系统中的应用［D］．大连：大连理工大学，2006.

［22］高继平，丁堃，潘云涛，等．国内外知识网络研究现状分析［J］．情报理论与实践，2015（9）：120－125.

［23］杜元伟，段熠，段万春．知识网络国内外研究述评与发展动态分析［J］．情报杂志，2013（3）：78－84.

［24］Zhu B，Wang W. The evolution of the strategies of innovation cooperation in scale-free network［J］. Discrete Dynamics in Nature and Society，2014，(6)：1－10.

［25］刘向，马费成，王晓光．知识网络的结构及过程模型［J］．系统工程理论与实践，2013，33（7）：1836－1844.

［26］Zhang Y，Wu J，Liu T. Weighted network evolution model of industry technology innovation alliances knowledge transfer based on node competitivenesss［J］. Management Science and Engineering，2013，7（1）：35－44.

［27］张延禄，杨乃定，郭晓．R&D 网络的自组织演化模型及其仿真研究［J］．管理科学，2012，25（3）：10－20.

［28］Ritala P，Huizingh E，Almpanopoulou A，et al. Tensions in R&D networks：Implications for knowledge search and integration［J］. Technological Forecasting & Social Change，2017.

［29］Ioannidis E，Varsakelis N，Antoniou I. False beliefs in unreliable knowledge networks［J］. Physica A Statistical Mechanics & Its Applications，2017，470：275－295.

［30］Chen C，Hicks D. Tracing knowledge diffusion［J］. Scientometrics，2014，59（2）：199－211.

［31］Luo，S，Du，Y，Liu，P，Xuan，Z，& Wang，Y. A study on coevolutionary dynamics of knowledge diffusion and social network structure［J］. Expert Systems with Applications，2005，42（7）：3619－3633.

［32］Lööf H，Broström A. Does knowledge diffusion between university and industry increase innovativeness? [J]. The Journal of Technology Transfer, 2008, 33 (1): 73 -90.

[33] 王世波，赵金楼. 复杂网络视角下技术创新扩散种子选择研究 [J]. 科技进步与对策，2018，35 (13): 28 -33.

[34] 王建华. 地理距离、法律制度临近与国际知识扩散模式 [J]. 科学学研究，2015，33 (7): 1069 -1080.

[35] 马永红，张利宁，王展昭. 基于采纳者决策机制的竞争性创新扩散的阈值模型构建及仿真研究 [J]. 科技管理研究，2016 (22): 12 -17.

[36] 卢燕群，何永芳. 复杂网络视角下企业集群技术创新扩散仿真研究 [J]. 中国科技论坛，2018，3: 73 -80.

[37] Cowan R, Jonard N. Network structure and the diffusion of knowledge [J]. Research Memorandum, 1999, 28 (8): 1557 -1575.

[38] Lin M, Li N. Scale-free network provides an optimal pattern for knowledge transfer [J]. Physica A, 2010, 389 (3): 473 -480.

[39] 黄玮强，庄新田，姚爽. 基于创新合作网络的产业集群知识扩散研究 [J]. 管理科学，2012，25 (2): 13 -23.

[40] 张薇，徐迪. 动态网络上的知识积累过程模型 [J]. 管理科学学报，2014，17 (11): 122 -128.

[41] Li J, Zhang Y, Man J, et al. SISL and SIRL: Two knowledge dissemination models with leader nodes on cooperative learning networks [J]. Physica A Statistical Mechanics & Its Applications, 2017, 468: 740 -749.

[42] Zhou W, Jia Y. Predicting links based on knowledge dissemination in complex network [J]. Physica A Statistical Mechanics & Its Applications, 2016, 471: 561 -568.

[43] Wang H, Wang J, Ding L, et al. Knowledge transmission model with consideration of self-learning mechanism in complex networks [J]. Applied Mathematics & Computation, 2017, 304: 83 -92.

[44] Darr E D, Kurtzberg T R. An investigation of partner similarity dimensions on knowledge transfer [J]. Organizational Behavior & Human Decision

Processes, 2000, 82 (1): 28 -44.

[45] Szulanski G. The process of knowledge transfer: A diachronic analysis of stickiness [J]. Organizational Behavior & Human Decision Processes, 2000, 82 (1): 9 -27.

[46] Argote L, Ingram P. Knowledge transfer: A basis for competitive advantage in firms [J]. Organizational Behavior & Human Decision Processes, 2000, 82 (1): 150 -169.

[47] Cavusgil S T, Calantone R J, Zhao Y. Tacit knowledge transfer and firm innovation capability [J]. Journal of Business & Industrial Marketing, 2003, 18 (1): 6 -21.

[48] Bartol K, Srivastava A. Encouraging knowledge sharing: The role of organisational rewards [J]. Journal of Leadership & Organizational Studies, 2002, 9 (1): 64 -76.

[49] Gurteen D. Creating a knowledge sharing culture [J]. Knowledge Management Magazine, 1999, 2 (5).

[50] Liu J G, Zhou Q, Guo Q, et al. Knowledge diffusion of dynamical network in terms of interaction frequency [J]. Scientific Reports, 2017, 7 (1): 10755.

[51] Cao B, Han S, and Jin Z. Modeling of knowledge transmission by considering the level of forgetfulness in complex networks [J]. Physica A, 2016, 451: 277 -287.

[52] Wang H, Wang J, Small M, et al. Review mechanism promotes knowledge transmission in complex networks [J]. Applied Mathematics and Computation, 2019, 340: 113 -125.

[53] Baggio R, Cooper C. Knowledge transfer in a tourism destination: The effects of a network structure [J]. Serv. Ind. J, 2010, 30 (10): 1757 -1771.

[54] Cao B, Han S, and Jin Z, Modeling of knowledge transmission by considering the level of forgetfulness in complex networks [J]. Physica A, 2016, 451: 277 -287.

[55] Wang H, Wang J, Small M, et al. Review mechanism promotes knowledge transmission in complex networks [J]. Applied Mathematics and Computation, 2019, 340: 113 –125.

[56] Wang H, Wang J, Small M, et al. Knowledge transmission model with differing initial transmission and retransmission process [J]. Physica A Statistical Mechanics & Its Applications, 2018, 507.

[57] 涂静，杨中华，张志清．科研合作网络中知识源中心性对知识扩散效率的影响 [J]．情报理论与实践，2017，40 (5)：76 –81.

[58] 孙源．高技术集群企业知识网络中知识转移效果的影响因素研究 [D]．北京：北京交通大学，2014.

[59] 汪涛，任瑞芳，曾刚．知识网络结构特征及其对知识流动的影响 [J]．科学学与科学技术管理，2010 (5)：150 –155.

[60] Edös P, Rén yi A. On the evolution of random graphs [J]. Transactions of the American Mathematical Society, 2011, 286 (1): 257 –274.

[61] Bollobás B. random graphs [J]. Graduate Texts in Mathematics, 2001, 30 (4): 1141 –1144.

[62] Watts D J, Strogatz S H. Collective dynamics of small world networks [J]. Nature, 1998, 393 (6684): 440 –442.

[63] Newman M E J, Watts D J. Renormalization group analysis of the small-world network model [J]. Working Papers, 1999, 263 (4 –6): 341 –346.

[64] Barrat A, Weigt M. On the properties of small-world network models [J]. European Physical Journal B Condensed Matter & Complex Systems, 2000, 13 (3): 547 –560.

[65] Newman M E J, Moore C, Watts D J. Mean-field solution of the small-world network model [J]. Physical Review Letters, 2000, 84 (14): 3201 –3204.

[66] Mej N. The structure and function of networks [J]. Computer Physics Communications, 2002, 147 (1): 40 –45.

[67] Barabási, A L, Albert R. Emergence of scaling in random network

[J]. science, 1999, 286 (5439): 509.

[68] Béla Bollobás, Riordan O M. Mathematical results on scale-free random graphs [M]// Handbook of Graphs and Networks: From the Genome to the Internet. Wiley - VCH Verlag GmbH & Co. KGaA, 2005.

[69] Fronczak A, Fronczak P, Holyst J A. Mean-field theory for clustering coefficients in Barabasi - Albert networks [J]. Physical Review E Statistical Nonlinear & Soft Matter Physics, 2003, 68 (4): 046126.

[70] Dorogovtsev S N, Mendes J F F, Samukhin A N. Structure of growing networks with preferential linking [J]. Physical Review Letters, 2000, 85 (21): 4633 -4636.

[71] Krapivsky P L, Redner S, Leyvraz F. Connectivity of growing random networks [J]. Physical Review Letters, 2000, 85 (21): 4629 -4632.

[72] 何大韧，等. 复杂系统与复杂网络 [M]. 北京：高等教育出版社，2009：112 -113.

[73] 唐代喜，蒋伟进. 基于 MGA 的费用分配优化模型研究 [J]. 微电子与计算机，2003 (8)：85 -88 +98.

[74] Alvin W. Wolfe. Social network analysis: methods and applications, by stanley wasserman; katherine faust [J]. Contemporary Sociology, 1995, 91 (435): 219 -220.

[75] 王林，张婧婧. 复杂网络的中心化 [J]. 复杂系统与复杂性科学，2006，3 (1)：13 -20.

[76] Brandes U. A faster algorithm for betweenness centrality [J]. Mathematical Sociology, 2001, 25: 163.

[77] 许立雄，刘俊伟，丁理杰，等. 基于网络流介数的关键线路识别 [J]. 电力系统保护与控制，2013 (5)：91 -96.

[78] 许海云，方曙，付鑫金，等. 基于特征向量中心度加权的期刊影响因子研究 [J]. 情报理论与实践，2011，34 (11)：108 -112.

[79] Katz L. A new status index derived from sociometric analysis [J]. Psychometrika, 1953, 18 (1): 39 -43.

[80] 张秀娥，张皓宣．社会网络理论研究回顾与展望 [J]. 现代商业，2018 (20)：154 - 157.

[81] Burt R. Structural Holes：The soul structure of competition [M]. Cambridge：Havard University Press，1992：15 - 31.

[82] 陈晓明，等．一种基于双层复杂网络的城市交通网络协同优化方法 [J/OL]. 计算机应用，1 - 11 [2019 - 07 - 25].

[83] 王世波．赵金楼，郑继新．基于复杂网络的城市交通堵塞载荷再分配控制 [J]. 公路交通技术，2019，36 (5)：98 - 103.

[84] 刁古月．基于复杂网络的传播动力学行为分析及应用 [D]. 成都：电子科技大学，2018.

[85] 张传宗，朱阿康，谢梦玮，等．具有二次预警行为的复杂网络病毒传播分析 [J]. 计算机技术与发展，2019，29 (2)：120 - 123 + 128.

[86] 冯斯波，吕筱萍．知识扩散系统的复杂性及其分形特征研究 [J]. 科技进步与对策，2004 (1)：66 - 68.

[87] 罗荣桂，江涛．基于 SIR 传染病模型的技术扩散模型研究 [J]. 管理工程学报，2006，20 (1)：32 - 35.

[88] Huang J. Knowledge diffusion models-perspectives of gene evolution and population dynamics [J]. Knowledge Management Research & Practice，2013，11 (3)：313 - 322.

[89] 胡婉丽．知识在组织内传播的复杂网络模型：计算方法及模拟 [J]. 运筹与管理，2008，17 (5)：150 - 154.

[90] Kissa I，Broom M，Craze P. Can epidemic models describe the diffusion of topics across disciplines [J]. Journal of Informetrics，2010，4 (1)：74 - 82.

[91] Bettencourt L，Kaiser D，Kaur J. Population modeling of the emergence and development of scientific fields [J]. Scientometrics，2008，75 (3)：495 - 518.

[92] 杨玉兵，胡汉辉．网络结构与知识转移 [J]. 科学学与科学技术管理，2008 (2)：123 - 127.

[93] Gao X, Guan J. Network model of knowledge diffusion [J]. Scientometrics, 2012, 90 (3): 749 - 762.

[94] Hippel V, Eric A. Cooperation between rivals: informal know-how trading [J]. Research Policy, 2006, 16 (6): 291 - 302.

[95] Dyer J H, Nobeoka K. Creating and managing a high-performance knowledge sharing network: the Toyota case [J]. Strategic Management Journal, 2000, 21 (3): 345 - 367.

[96] Cowan, R. (2004). Network models of innovation and knowledge diffusion. (MERIT Research Memoranda; No. 016). Maastricht: MERIT, Maastricht Economic Research Institute on Innovation and Technology.

[97] Allen R C. Collective invention [J]. Journal of Economic Behavior and Organization, 1983, 4 (1): 1 - 24.

[98] Wilhite A. Bilateral trade and 'small-world' networks [J]. Computational Economics, 2001, 18 (1): 49 - 64.

[99] Brown L A, Cox K R. Empiricalregularities in the diffusion of innovation [J]. Annals of the Association of American Geographers, 2015, 61 (3): 551 - 559.

[100] 段哲哲，周义程. 创新扩散时间形态的S型曲线研究——要义、由来、成因与未来研究方向 [J]. 科技进步与对策，2018，35 (8): 155 - 160.

[101] 周素萍. 高科技中小企业集群知识扩散模型构建及阶段分析 [J]. 企业经济，2013 (1): 77 - 80.

[102] 万青，陈万明，胡恩华，等. 知识扩散与知识共享的涵义及其关系研究 [J]. 图书情报工作，2011，55 (12): 92 - 95.

[103] Nonaka I, Byosiere P, Borucki C C, et al. Organizational knowledge creation theory: A first comprehensive test [J]. International Business Review, 1994, 3 (4): 337 - 351.

[104] 巴志超，李纲，朱世伟. 科研合作网络的知识扩散机理研究 [J]. 中国图书馆学报，2016，42 (5): 68 - 84.

[105] 于同洋，肖人彬，龚晓光. 组织网络隐性知识扩散及学习策略分析 [J]. 管理科学，2009，22 (6)：21-28.

[106] 缪根红，薛利，陈万明，等. 知识扩散路径与员工创新绩效关系的实证研究——考虑知识吸收能力与主动遗忘能力的调节作用 [J]. 研究与发展管理，2014，26 (3)：12-21.

[107] 张理，魏奇锋，顾新. 基于无标度网络模型的协同创新网络知识扩散研究 [J]. 情报理论与实践，2018，41 (10)：79-86.

[108] 解学梅. 中小企业协同创新网络与创新绩效的实证研究 [J]. 管理科学学报，2010，13 (8)：51-64.

[109] Goldenberg A, Zheng A X, Fienberg S E, et al. A Survey of statistical network models [J]. Foundations & Trends in Machine Learning, 2010, 2 (2): 129-233.

[110] Raducha T, Gubiec T. Coevolving complex networks in the model of social interactions [J]. Physica A Statistical Mechanics & Its Applications, 2017, 471: 427-435.

[111] Ghosh S, Ganguly N. Structure and evolution of online social networks [J]. Intelligent Systems Reference Library, 2014, 65: 23-44.

[112] Luo S, Du Y, Liu P, et al. A study on coevolutionary dynamics of knowledge diffusion and social network structure [J]. Expert Systems with Applications, 2014, 42 (7): 3619-3633.

[113] Long W, Guan L, Shen J, et al. A complex network for studying the transmission mechanisms in stock market [J]. Physica A Statistical Mechanics & Its Applications, 2017, 484: 345-357.

[114] Li H, An H, Fang W, et al. Global energy investment structure from the energy stock market perspective based on a Heterogeneous Complex Network Model [J]. Applied Energy, 2017, 194: 648-657.

[115] Li T, Ma J. The complex dynamics of R&D competition models of three oligarchs with heterogeneous players [J]. Nonlinear Dynamics, 2013, 74 (1-2): 45-54.

[116] Bogliacino F, Pianta M. Profits, R&D, and innovation—a model and a test [J]. Industrial & Corporate Change, 2013, 22 (3): 649-678.

[117] Lin J, Ban Y. The evolving network structure of US airline system during 1990-2010 [J]. Physica A Statistical Mechanics & Its Applications, 2014, 410 (12): 302-312.

[118] Jia T, Jiang B. Building and analyzing the US airport network based on en-route location information [J]. Physica A Statistical Mechanics & Its Applications, 2012, 391 (15): 4031-4042.

[119] Pastor-Satorras R, Vespignani A. Epidemic dynamics and endemic states in complex networks [J]. Physical Review E Statistical Nonlinear & Soft Matter Physics, 2001, 63 (2): 66-117.

[120] Barthélemy M, Barrat A, Pastor-Satorras R, et al. Dynamical patterns of epidemic outbreaks in complex heterogeneous networks [J]. Journal of Theoretical Biology, 2005, 235 (2): 275-288.

[121] Vandermerwe S, Rada J. Servitization of business: Adding value by adding services [J]. European Management Journal, 1988, 6 (4): 314-324.

[122] 解学梅，左蕾蕾. 企业协同创新网络特征与创新绩效：基于知识吸收能力的中介效应研究 [J]. 南开管理评论，2013，16 (3)：47-56.

[123] 黄海霞，陈劲. 创新生态系统的协同创新网络模式 [J]. 技术经济，2016，35 (8)：31-37.

[124] Chen Y, Rong K, Xue L, et al. Evolution of collaborative innovation network in China's wind turbine manufacturing industry [J]. International Journal of Technology Management, 2014, 65 (1/2/3/4): 262-299.

[125] Xie X, Fang L, Zeng S. Collaborative innovation network and knowledge transfer performance: A fsQCA approach [J]. Journal of Business Research, 2016, 69 (11): 5210-5215.

[126] Zheng S, Li H, Wu X. Network resources and the innovation performance: Evidence from Chinese manufacturing firms [J]. Management Decision, 2013, 51 (6): 1207-1224.

［127］王文平，张兵．动态关系强度下知识网络知识流动的涌现特性［J］．管理科学学报，2013，16（02）：1－11.

［128］Wei Q. An analytical framework for the conflict coordination mechanism of knowledge network［C］. In International Conference on Management Science and Engineering Management. Springer，Cham，2017，166－179.

［129］Watts D J，Strogatz S H. Collective dynamics of 'small-world' networks［J］. Nature，1998，393（6684）：440－442.

［130］Wenping W，Bing Z. Emergence characteristics of knowledge flow in knowledge networks under dynamic relationship strengths［J］. Journal of Management Sciences in China，2013，16（2）：1－11.

［131］Pons P，Latepy M. Computing communities in large networks using random walks（long version）［J］. Computer and Information Sciences－ISCIS 2005，284－293.

［132］Newman，M. E J. Finding community structure in networks using the eigenvectors of matrices［J］. Physical Review E，2006，74（3）：036－104.

［133］Blondel V D，Guillaume J L，Lambiotte R，et al. Fast unfolding of communities in large networks［J］. Journal of Statistical Mechanics：Theory and Experiment，2008：10008.

［134］Raghavan U N，Albert，Réka，Kumara S. Near linear time algorithm to detect community structures in large-scale networks［J］. Physical Review E，2007，76（3）：36－106.

［135］Yan E，Ding Y. Applying centrality measures to impact analysis：a coauthorship network analysis［J］. Journal of the Association for Information Science & Technology，2009，60（10）：2107－2118.